欧洲古代建筑图说

主　编　周　博
副主编　冷浩然　陈晓刚
　　　　林　辉　曹思敏

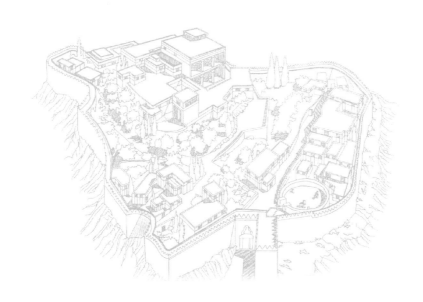

中国建材工业出版社

图书在版编目（CIP）数据

欧洲古代建筑图说 ／ 周博主编 . —— 北京：中国建材工业出版社，2022.9
ISBN 978-7-5160-3390-6

Ⅰ．①欧… Ⅱ．①周… Ⅲ．①古建筑－建筑艺术－欧洲－图解 Ⅳ．①TU-881.5

中国版本图书馆CIP数据核字(2021)第246382号

内容简介

欧洲拥有灿烂辉煌的古代建筑，对世界建筑的发展影响深远。本书梳理了古代爱琴文化至欧洲 16—18 世纪共计 8 个重要历史时期的建筑，从建筑产生的背景、建筑特征及代表性实例展开叙述，力求文字简洁、图文并茂、通俗易懂，让读者对欧洲古代建筑有全面、清晰的理解。

本书参考大量历史资料，内容丰富，知识点全面，是一部可供建筑学、城乡规划、风景园林、环境艺术等相关学科专业进行教学和学习参考的重要资料。

欧洲古代建筑图说
Ouzhou Gudai Jianzhu Tushuo

主　编　周　博

副主编　冷浩然　陈晓刚　林　辉　曹思敏

出版发行　中国建材工业出版社
地　　址：北京市海淀区三里河路11号
邮　　编：100831
经　　销：全国各地新华书店
印　　刷：北京印刷集团有限责任公司
开　　本：787mm×1092mm　1/16
印　　张：16.25
字　　数：280千字
版　　次：2022年9月第1版
印　　次：2022年9月第1次
定　　价：59.00元

前言

《欧洲古代建筑图说》是一本介绍欧洲古代建筑的读物，按照历史发展的顺序进行编排，选取古代爱琴文化建筑、古希腊建筑、古罗马建筑、拜占庭建筑、西欧中世纪建筑、意大利文艺复兴建筑、法国古典主义建筑和欧洲其他国家16—18世纪建筑展开论述。通过对各个历史时期建筑产生的背景、建筑特征及代表性实例的描述，让读者了解欧洲古代建筑发展的概况，理解欧洲古代建筑在各个历史时期的特征。本书在编撰过程中参考大量历史资料，提取出各个时期最具代表性的建筑案例，内容丰富、结构清晰，采用黑白线图与文字对照，将复杂的古代建筑知识生动形象化，利于读者理解。

第1章介绍古代爱琴文化建筑。爱琴文化是古希腊文化的前期阶段，爱琴文化建筑同中王国和新王国的埃及建筑互有影响。它的一些建筑技术、建筑形制、装饰题材和细部结构，由希腊建筑继承，通过这种传承关系，古埃及建筑对希腊建筑产生过影响。希腊的一些城邦直接在爱琴文化时代的城邦原址发展起来，爱奥尼亚人和多立克人建立希腊文化的时候，在很大程度上继承了爱琴文化。

第2章介绍古希腊建筑。古希腊是西方文明的源头之一，古希腊人在哲学、思想、诗歌、建筑、科学、文学、戏剧、神话等诸多方面有很深的造诣。古希腊建筑分为荷马时期建筑、古风时期建筑、古典时期建筑和希腊化时期建筑。荷马时期代表性的建筑类型为住宅和神庙，住宅常为长方形的形制，神庙采用与住宅相同的正室形制。古风时期的希腊建筑逐步形成相对稳定的形式，爱奥尼亚人城邦形成了爱奥尼式建筑，风格端庄秀雅；多立安人城邦形成了多立克式建筑，风格雄健有力。古典时期是古希腊繁荣兴盛时期，创造了很多建筑珍品，主要建筑类型有卫城、神庙、露天剧场、柱廊、广场等。希腊化时期是古希腊历史的后期，马其顿王亚历山大远征，把希腊文化传播到西亚和北非，希腊建筑风格由此向东方扩展，同时受到当地原有建筑风格的影响，形成了不同的地方特点。

第3章介绍古罗马建筑。古罗马建筑是建筑艺术宝库中的一颗明珠，承载了古希腊文明中的建筑风格，凸显地中海地区特色，同时又是古希腊建筑的一种发展。古罗马建筑的类型很多，有罗马万神庙等宗教建筑，也有皇宫、剧场、角斗场、浴场以及广场和巴西利卡等公共建筑。居住建筑有内庭式住宅、内庭式与围柱式院相结合的住宅，还有四五层公寓式住宅。古罗马世俗建筑的形制相当成熟，与功能结合得很好，建筑能满足各种复杂的功能要求，主要依靠成熟的拱券结构，获得宽阔的内部空间。古罗马建筑艺术成就高，大型建筑物风格雄浑凝重，构图和谐统一，形式多样。罗马人开拓了新的建筑艺术领域，丰富了建筑艺术手法。

第4章介绍拜占庭建筑。从历史发展的角度来看，拜占庭建筑即东罗马建筑，是在继承古罗马建筑文化的基础上发展起来的。同时，由于地理关系，它又汲取了波斯、两河流域、叙利亚等东方文化，形成了自己的建筑风格。拜占庭建筑最大的贡献是能在方的平面上造圆的拱顶，这在结构上主要得益于一种新的拱券——帆拱的使用。帆拱的样式在外部四个垂直面上是罗马的拱券，在向内、向上的方向上是一条自下而上逐渐伸展的弧线，这在视觉上也强化了室内宏大感和向上感的表现力度。

第5章介绍西欧中世纪建筑。中世纪是欧洲历史三大传统划分即古典时代、中世纪、近现代的一个中间时期。在这一时期代表性的建筑风格为早期基督教建筑风格（4—9世纪）、罗马建筑风格（9—12世纪）、哥特式建筑风格（12—15世纪）。早期基督教建筑主要包括基督教堂与修道院，平面包括巴西利卡式、拉丁十字式和集中式三种，建筑规模不大，形式带有古罗马建筑特征，外观简朴，内部常采用锦砖镶嵌，比较华丽。罗马建筑风格因采用古罗马拱券而得名，多见于修道院和教堂，给人以雄浑庄重的印象，对后来的哥特式建筑影响很大。哥特式建筑的整体风格为高耸，以卓越的"尖券"建筑技艺表现了神秘与崇高的强烈情感。

第6章介绍意大利文艺复兴建筑。意大利文艺复兴建筑是中世纪之后出现的一种建筑风格，最明显的特征是扬弃了中世纪时期的哥特式建筑风格，而重新采用古希腊、古罗马时期的柱式构图要素，讲究秩序和比例，拥有严谨的立面和平面构图。另外，这一时期出现了大量丰富的建筑理论著作。建筑造型艺术及理论的核心思想是强调人体美，把柱式构图与人体相比拟，诠释了人文主义思想。用数学和几何学来确定美的比例和协调的关系，如黄金分割、正方形等。外部造型在古典建筑的基础上，采用了灵活多样的处理方法。城市与广场建设活跃。

第7章介绍法国古典主义建筑。它运用"纯正"的古希腊罗马建筑和意大利文艺复兴建筑样式和古典柱式的建筑，形成了古典主义建筑的设计原则，即强调中轴线、主从关系对称和柱式。它强调恪守古罗马的古典规范，以古典柱式为建筑艺术构图的基础，提倡富于统一性与稳定性的横三段和纵三段式的立面构图形式。在建筑造型上追求端庄宏伟、完整统一和稳定感；室内则极尽豪华，充满装饰性，常有巴洛克特征。

第 8 章介绍欧洲其他国家 16—18 世纪建筑。尼德兰建筑适应于资本主义的发展和它的民主制度，以建造市政厅、交易所、钱庄、行会大楼为主。西班牙宫廷建筑的规模宏大而华丽，天主教堂则采用哥特式风格。世俗建筑中，阿拉伯的伊斯兰建筑装饰手法遗风兴盛，形成西班牙独特的"银匠式"建筑装饰风格。德国建筑具有地域性，后受意大利文艺复兴影响，追求柱式对构图的统帅作用，并讲究形体变化、空间组织和装饰性。英国府邸建筑失去中世纪时的防御性，平面趋向规整，外形追求对称，室内装饰华丽。民间木构架建筑工艺精致，砖广泛运用于外墙，色彩温暖。俄罗斯建筑伴随着民族的复兴，形成"帐篷顶"独特风格，具有古典主义的建筑手法，多表现在教堂、大型宫殿和有纪念性的公共建筑物上。

总之，欧洲古代建筑历史是一个纷繁复杂、不断发展变化的过程，各个不同历史时期与不同的地域都呈现不同的建筑风格，这也是其所处的政治、经济、文化和技术等因素存在差异性的表现。故而在学习欧洲古代建筑的过程中不仅要关注建筑的风格，更应当结合当时的社会背景、经济文化、宗教信仰、意识形态和生活方式等方面综合分析，紧扣风格演化、建筑材料变化、结构技术发展三大脉络，更深入理解各时期的建筑师创作活动，以便对欧洲古代建筑知识能有全面清晰的掌握。

编　者
2022 年 3 月

目　录

参考文献

1 古代爱琴文化建筑

1.1 古代爱琴文化建筑产生背景（公元前 3000—前 1400 年）

　　古代爱琴文化是希腊上古时代的文化，中心地域在克里特岛和迈锡尼城周围的爱琴海一带。古代爱琴文化在历史上曾有过高度繁荣，特别是在公元前 2000 年左右，与希腊本土、小亚细亚、埃及都有过贸易与文化上的交流，创造了杰出的建筑艺术成就。它的中心先后在克里特岛和巴尔干半岛上的迈锡尼。但在公元前 14 世纪到前 12 世纪期间，因这一地区战争频繁与外族入侵，克里特 - 迈锡尼文化均受到破坏并湮没。

　　古代爱琴文化建筑同中王国和新王国的埃及建筑互有影响。它的一些建筑技术、建筑物形制、装饰题材和建筑细部，由希腊建筑所继承，后来，希腊的一些城邦直接在爱琴文化时代的城邦原址发展起来，爱奥尼亚人和多立克人建立希腊文化的时候，在很大程度上继承了爱琴文化。所以，爱琴文化也被一些人称为希腊早期文化。

1.2 古代爱琴文化建筑的特点

　　克里特文明大约出现在公元前 2 千纪中叶，克里特岛上的国家统治爱琴世界达数百年之久。这个国家是个早期奴隶制的国家，手工业和与欧、亚、非三洲之间的航海业很发达。克里特岛上的建筑风格精巧纤丽，房屋开敞，柱式上粗下细，极有特色；壁画风格朴实，色彩丰富。有代表性的实例是克诺索斯宫殿，王宫依山修建，规模宏大，内部空间高低错落，楼梯走道回环曲折，在希腊神话中被称为"迷宫"。其中，正殿、王后寝室、浴室、露天剧场、库房等都布置在一个南北长 51.8 米、东西宽 27.4 米的中央大院周围。集中式庭院与迷宫式布局的特点反映了防御性的特征。

爱琴文化的建筑迈锡尼继克里特而兴起，继而成为爱琴文化的中心。重要的建筑有迈锡尼城、泰伦卫城等，还有亚特鲁斯地下宝库，其建成于公元前 14 世纪，是传说中的迈锡尼国王阿伽门农之墓。墓室平面为圆形，直径为 14.6 米，穹隆采用叠涩法砌筑。

另外，古代爱琴文化建筑最早创造了"正室"的布局形式，成为古希腊建筑平面布局的原型。在这一时期的建筑中还有史无前例的上大下小的奇特柱式。室内外大量绘制色彩鲜艳的壁画，也是这一时期建筑的突出特点之一。

1.3　古代爱琴文化建筑代表性实例

1.3.1　克诺索斯宫殿（公元前 2 千纪）

克诺索斯宫殿坐落在克诺索斯的凯夫拉山缓坡上，曾多次改建和扩建，最后建成一座长 150 米、宽 100 米的宫殿。宫殿主要围绕中央庭院，占地两万多平方米，为多层平顶式建筑（图 1-1）。

图 1-1　克诺索斯宫殿全貌复原图（曹思敏 绘）

王宫内厅堂房间总数在 1500 间以上，楼层密接，梯道走廊曲折复杂，厅堂错落，天井众多，布置不求对称，出奇制巧，外人难觅其究竟，因此希腊神话中誉之为"迷宫"（图 1-2）。

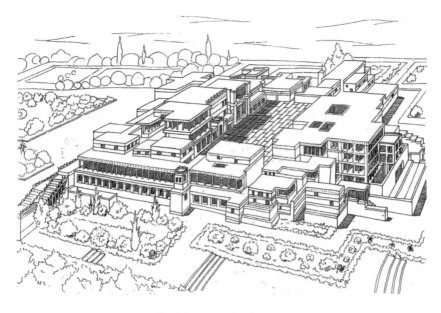

图 1-2　克诺索斯宫殿鸟瞰图（谢文丽　绘）

　　克诺索斯宫殿有多个入口，从宫内房间的布局来看，西翼专为宗教活动而设，是宫中的行政中心和举行仪式的场所；东翼建在山坡上，俯瞰庭院，是日常起居的地方。在东侧的一端，房间与门廊构成王室寝宫；在另一端则是木匠、陶工、石匠和珠宝匠的作坊（图 1-3）。

N

图 1-3　克诺索斯宫殿平面图（康旭　绘）

经过大阶梯，可抵达王室寝宫，这是一个结合了技巧与艺术的杰作。寝宫四周是上粗下细的圆柱，呈红、黄两色，是王宫建筑的特有风貌。而大阶梯不仅是通向东面王室居所的唯一通道，在建筑群中也起着举足轻重的作用。它与附近好几堵墙相连，墙上绘有壁画。阶梯的另一面安置有低矮的栏杆，栏杆上竖着上粗下细的柱子，支撑阶梯上的数个平台（图1-4）。

图1-4　克诺索斯宫殿柱廊（曹思敏　绘）

克诺索斯宫殿多采用宽大的窗口和柱廊，还设置许多天井来采光通风。它们宽窄不同，高矮各异，精巧地组合在一起，使王宫空间变化多样，姿态万千。宫殿群中各种设施完备，不仅有流动的水系，排水系统，露天看台，在房间还设有可冲水的卫生间、浴室等（图1-5）。

图1-5　克诺索斯王宫内院（曹思敏　绘）

1.3.2 迈锡尼卫城（公元前 14 世纪）

迈锡尼卫城位于帕罗斯岛的东北部，坐落在高于四周 40~50 米的高地上，卫城里有宫殿、贵族住宅、仓库、陵墓等，外面围绕长 1000 米、厚约 4 米的石墙，石块达 5~6 吨重。宫殿的中心是正厅，正厅当中有不熄的火塘，是氏族的祖先崇拜的象征，四周建筑零散布局（图 1-6）。

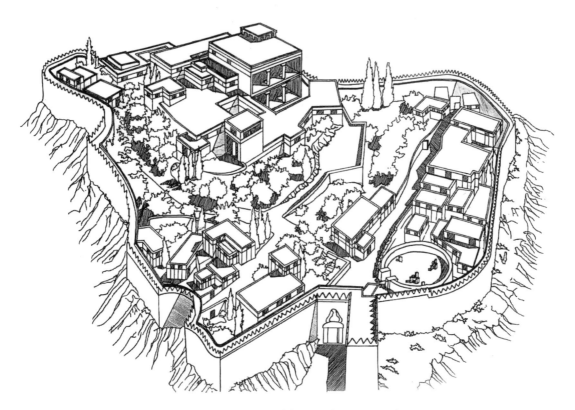

图 1-6 迈锡尼卫城复原图（谢文丽 绘）

迈锡尼卫城入口有 3.5 米宽、3.5 米高的"狮子门"（图 1-7），门上方为弧形过梁，中央高约 90 厘米，两端渐薄，结构稳定合理。它上面的石块层层出挑形成叠涩券，呈正三角形，使上方墙体质量往两侧传递，过梁不承重。券里填一块石板，浮雕着一对相向而立的狮子，簇拥着中央一根象征宫殿的柱子，上粗下细，重约 20 吨，是欧洲使用狮子作为皇室象征的开端。这块高 3.5 米的正三角形的浮雕石板最薄处只有大约 5 厘米，工艺十分精湛。

图 1-7　迈锡尼卫城狮子门（谢文丽 绘）

1.3.3　泰伦卫城（公元前 14—前 12 世纪）

泰伦卫城是迈锡尼南边的港口要塞，建在希腊南部的一座山坡上，呈一长条形，在宫殿建筑群的北面是防御性的城堡。卫城内房屋比较整齐，正厅在院落的正面，是建筑的主体，尺寸为 9.75 米 ×11.75 米，并附带前室，两侧连接着其他房屋。正厅入口上方设有檐部、三角形山花和屋顶，具有希腊古典建筑的雏形。泰伦卫城用巨石垒墙，设防严密，非常险固。它的内外两进大门也是横向的工字形平面，前后都有一对柱子，具有爱琴时期共同的特点，也是上粗下细（图 1-8）。

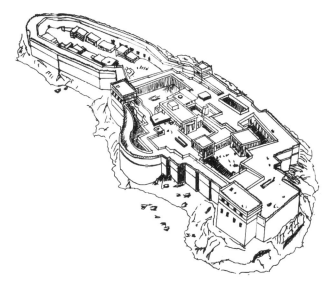

图 1-8　泰伦卫城复原图（康旭 绘）

1.3.4 亚特鲁斯地下宝库（约公元前 1325 年）

迈锡尼卫城之外，还发现有一个亚特鲁斯地下宝库，建造时间在公元前 1325 年左右。由于在这里发掘出大量的黄金宝物，故而得名。经过后来考证，有些专家认为这里就是早期迈锡尼国王阿伽门农的坟墓。墓室的顶部结构是叠涩的尖形穹顶，直径 15 米，高 15 米。墓室前有一甬道引至墓门，长约 35 米，宽约 6 米。在墓室一边还有一个方形内室存放宝物。墓室的墙体都用条石砌成，表面还护有一层铜板，接缝处用黄金花朵做装饰。墓中各门楣上都有一个三角形的空当。门的两旁都有两根柱子，也是上粗下细，和爱琴时期其他建筑物具有共同的特点（图 1-9）。

图 1-9　亚特鲁斯地下宝库（曹思敏　绘）

2 古希腊建筑

2.1 古希腊建筑产生背景（公元前 1200—前 146 年）

　　古希腊是西方文明的源头之一，古希腊文明持续了约 650 年，是西方文明最重要和直接的渊源。西方有记载的文学、科技、艺术都是从古希腊开始的。古希腊不是一个国家的概念，而是一个地区的称谓。古希腊位于欧洲的东南部、地中海的东北部，包括希腊半岛、爱琴海和爱奥尼亚海上的群岛和岛屿、土耳其西南沿岸、意大利东部和西西里岛东部沿岸地区。公元前 6—前 5 世纪，特别是希波战争以后，古希腊地区的经济高度繁荣、科技高度发达，产生了光辉灿烂的希腊文化，对后世产生深远影响。古希腊人在哲学、思想、诗歌、建筑、科学、文学、戏剧、神话等诸多方面有很深的造诣。这一文明遗产在古希腊灭亡后，被古罗马人延续下去，从而成为整个西方文明的精神源泉。

　　在地理气候方面：在希腊找不到肥沃的大河流域和开阔平原，连绵不绝的山岭河川将陆地隔成小块。海岸曲折，绿岛相连，港湾众多，地中海气候温和宜人，海洋资源得天独厚。山岭沟壑，耕地缺乏，土地贫瘠，限制了粮食的生产，人地矛盾突出，迫使古希腊从事海外贸易、海外殖民和经济文化交流。而曲折的海岸线、众多的优良港湾更为这些活动提供了条件。特殊的地中海气候使该地盛产葡萄酒和橄榄油，为海外贸易提供了商品来源。正是这些原因，促成了古希腊宽松自由的社会环境、互利互惠的思想观念和开放探索的民族精神。

　　在政治经济方面：古希腊是一个城邦林立的地区，因此许多不同的政治制度都在此地区获得实践和发展，有些古希腊城邦如斯巴达一样奉行寡头制，将统治权集中在国王手中；有些城邦则如雅典一样实行民主政治；还有一些城邦则是由贵族统治或由少数人控制的议会进行统治。虽然古希腊所处地域狭小，但其政治制度在广泛的时间跨度上获得了丰富多彩的发展。仅就政体来分，古希腊就经历了贵族制、民主制、寡头制和僭主制的演变，尤其突出的是古希腊的民主政治制度是古代人类对直接民主制度最早的尝试之一，对后世产生了深远的影响。古希腊时代经济相当发达，工商业虽然规模不大，不过仍有一定程度的发展。除了斯巴达采取管制经济的体制外，其他各城邦大多宽松且自由。不过各城邦都有贫富悬殊的情况。

古希腊的建筑分为四个时期：荷马时期（英雄时期），公元前12—前8世纪；古风时期（大移民时期），公元前7—前6世纪；古典时期，公元前5—前4世纪；希腊化时期，公元前4世纪末—公元前2世纪。

荷马时期（公元前12—前8世纪）：氏族社会开始解体，氏族贵族已经成为特殊人群，占有少量的奴隶。可能由于公元前1千纪之初部落大迁徙的缘故，这一时期的希腊文化水平低于爱琴文化，但在许多方面继承了爱琴文化，包括在建筑方面。住宅常为长方形的基本形制。受制于建造技术，建筑跨度不大，平面狭长，有的加一道横墙划分前后间。氏族领袖的住宅兼作敬神的场所，因此早期的神庙采用了与住宅相同的正室形制。有些神庙在中央纵向加一排柱子，增大宽度，有一些神庙有前室或前、后室，也添加了前廊。神庙的形制基本固定了下来。这时的主要建筑材料还是木头和生土。

古风时期（公元前8—前6世纪）：手工业和商业发达起来，新的城市产生。城市和它周围的农业地区一起形成小小的城邦国家。同时，随着氏族公社的瓦解，许多人出海移民，在意大利、西西里、地中海西部和黑海沿岸建立了一批城邦国家，各城邦之间经济和文化的联系十分密切。希腊建筑逐步形成相对稳定的形式。爱奥尼亚人城邦形成了爱奥尼式建筑，风格端庄秀雅；多立安人城邦形成了多利克式建筑，风格雄健有力。到公元前6世纪，这两种建筑都有了系统的做法，称为"柱式"。柱式体系是古希腊人在建筑艺术上的创造。

古典时期（公元前5—前4世纪）：是古希腊繁荣兴盛时期，创造了很多建筑珍品，主要建筑类型有卫城、神庙、露天剧场、柱廊、广场等。不仅在一组建筑群中同时存在上述两种柱式的建筑物，就是在同一单体建筑中也往往运用两种柱式。雅典卫城建筑群和该卫城的帕提农神庙是古典时期的著名实例。古典时期在伯罗奔尼撒半岛的科林斯城形成一种新的建筑柱式——科林斯柱式，风格华美富丽，到罗马时代广泛流行。

希腊化时期（公元前4世纪后期—前2世纪）：是古希腊历史的后期，马其顿王亚历山大远征，把希腊文化传播到西亚和北非，称为希腊化时期。古希腊建筑风格向东方扩展，同时受到当地原有建筑风格的影响，形成了不同的地方特点。

2.2　古希腊的建筑特点

古希腊是一群奴隶制的城邦国家，它所发展起来的奴隶主的民主制，带有原始的人文主义色彩，在建筑上有明显的反映。古风时期与古典时期的城市都是在卫城周围自发形成的，居住街坊混乱地挤塞在一起。这一时期的城市一般规模不大，中等城市通常有5000~7000人，也有少数大城市如雅典达到10万人。古希腊城市建设的特点是善于利用地形。在城市中心设立广场，成为商业集会中心，广场逐渐取代卫城的地位。广场周围有庙宇、商店、会议厅和学校等。广场往往在城市最宽的两条道路的垂直交叉点上。

古希腊的建筑类型比东方奴隶制国家丰富，除了住宅、陵墓与庙宇之外，还出现了大量的公共性建筑与纪念性建筑，如剧场、议事厅、运动场、体育馆、商场、图书馆、音乐纪念亭、风塔等。

根据所遗留下来的希腊建筑，我们可以归纳出古希腊建筑的五大特点：第一，平面构成为1：1.618或1：2的矩形。中央是厅堂和大殿，周围是柱子，可统称为环柱式建筑。这样的造型结构，使古希腊建筑更具艺术感。在阳光的照耀下，建筑产生出丰富的光影效果和虚实变化，与其他封闭的建筑相比，阳光的照耀消除了封闭墙面的沉闷之感，加强了建筑的雕刻艺术的特色。第二，柱式的定型。共有四种柱式即多立克柱式、爱奥尼柱式、科林斯柱式、女郎雕像柱式。这四种柱式是在人们的摸索中慢慢形成的，后面的柱式总与前面柱式之间有一定的联系，具有一定的进步意义。而贯穿四种柱式的则是永远不变的人体美与数的和谐。柱式的发展对古希腊建筑的结构起了决定性的作用，并且对后来的古罗马和欧洲的建筑风格产生了重大的影响。第三，建筑的双面坡屋顶，形成了建筑前后的山花墙装饰的特定的手法。古希腊建筑中有圆雕、高浮雕、浅浮雕等装饰手法，创造了独特的装饰艺术。第四，由平民进步的艺术趣味而产生的崇尚人体美与数的和谐。古希腊人崇尚人体美，无论是雕刻作品还是建筑，他们都认为人体的比例是最完美的。古希腊建筑的比例与规范，其柱式的外在形体的风格完全一致，都以人为尺度，以人体美为其风格的根本依据，它们的造型可以说是人的风度、形态、容颜、举止美的艺术显现，而它们的比例与规范，则可以说是人体比例、结构规律的形象体现。所以，这些柱式都具有一种生气盎然的崇高美，因为它们表现了人作为万物之灵的自豪与高贵。第五，建筑与装饰均雕刻化。古希腊建筑与古希腊雕刻是紧紧结合在一起的。可以说，古希腊建筑就是用石材雕刻出来的艺术品。从爱奥尼柱式柱头上的旋涡、科林斯式柱式柱头上的忍冬草叶片组成的花篮到女郎雕像柱式上神态自如的少女，各神庙山墙檐口上的浮雕都是精美的雕刻艺术。由此可见，雕刻是古希腊建筑的一个重要的组成部分，是雕刻创造了完美的古希腊建筑艺术，也正是因为雕刻，古希腊建筑才显得更加神秘、高贵、完美与和谐。

古希腊建筑的结构属梁柱体系，早期主要建筑都用石料。限于材料性能，石梁跨度一般为4~5米，最大不过7~8米。石柱以鼓状砌块垒叠而成，砌块之间有榫卯或金属销子连接。墙体也用石砌块垒成，砌块平整精细，砌缝严密，不用胶结材料。虽然古希腊建筑形式变化较少，内部空间封闭简单，但后世许多流派的建筑师都从古希腊建筑中得到过借鉴。

古希腊建筑通过它自身的尺度感、体量感、材料的质感、造型色彩，以及建筑自身所载的绘画及雕刻艺术，给人以巨大强烈的震撼，其强大的艺术生命力经久不衰。它的梁柱结构、建筑构件特定的组合方式及艺术修饰手法，深深、久远地影响欧洲建筑达两千年之久。因此我们可以说，古希腊的建筑是西欧建筑的开拓者。

2.3 古希腊建筑代表性实例

2.3.1 米利都城（公元前5世纪）

米利都城是位于安纳托利亚西海岸线上的一座古希腊城邦，靠近米安得尔河口。由希波丹姆对其进行规划，城市路网采用棋盘式，两条主要垂直道路从城市中心穿过，城市的网格通过30米×50米大小的方形街坊组成，形成明确的重复韵律。城市依据自然地形初步按功能分区，划分为居住区、祭祀区和公共活动区，三者之间并无明确界限。在城市中心布置广场，并使其成为城市的公共活动中心，将庙宇、商业、办公和文化建筑组织在一起（图2-1）。

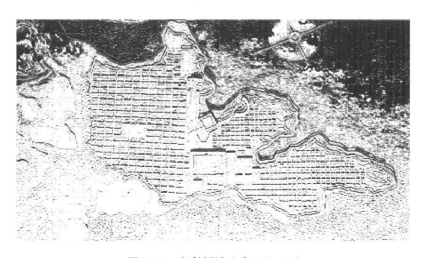

图2-1 米利都城（曹思敏 绘）

2.3.2 阿索斯中心广场（公元前 3 世纪）

阿索斯中心广场是希腊化时期阿索斯城的中心广场，平面为梯形，两侧有尺度宏大、高 2 层的敞廊。空间较封闭，在广场较宽的一端有庙宇，仅在面对广场的立面上有柱廊（图 2-2、图 2-3）。

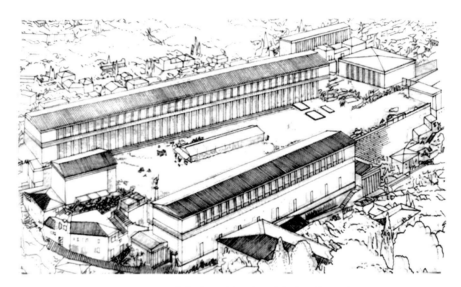

图 2-2　阿索斯中心广场（一）（曾振豪 绘）

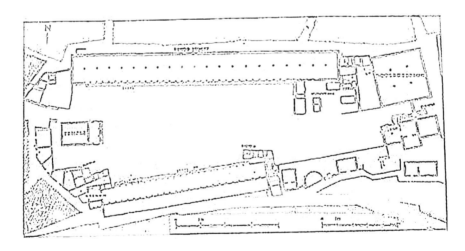

图 2-3　阿索斯中心广场（二）（曾振豪 绘）

广场布局反映了希腊化时期手工业和商业发达的经济文化特点，对后来的罗马广场有一定影响。市民在廊中进行商品交易。有时可前后分成两进，后进开设店铺。利用墙面做壁面或铭文，敞廊与相连接的街旁柱廊形成气势壮阔的长距离柱廊透视景象。

2.3.3 阿波罗圣地（公元前 7 世纪—前 390 年）

阿波罗圣地坐落于古希腊的德尔斐，又称德尔斐圣地，位于希腊伯罗奔尼撒半岛的巴赛市。传说德尔斐是太阳神阿波罗选中的圣地，宙斯让两只鹰从大地的两端以同样的速度相向而行。两只鹰恰相遇于德尔斐，也称为古代"世界的中心"。圣地整体为古希腊建筑风格，反映了古希腊的宗教信仰（图 2-4）。

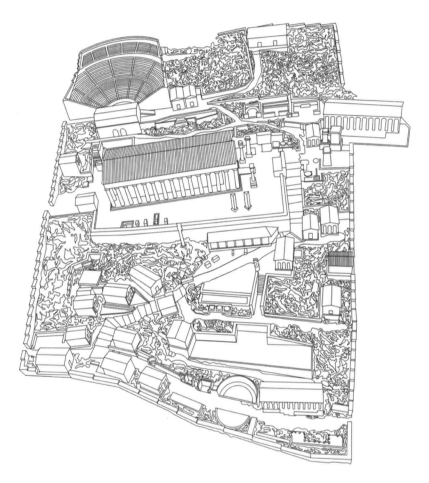

图 2-4　阿波罗圣地鸟瞰图（**朱慧敏 绘**）

阿波罗圣地为山地建筑群的代表，由国库、神道、神庙和剧场等建筑群组成，入口位于东南侧，由东向西，顺山势沿着圣路呈"之"字形而上，圣路两旁有古希腊各邦为供奉诸神而兴建的礼物库、祭坛、纪念碑、柱廊等建筑物，最后至圣地中心建筑阿波罗神庙和剧场。圣地注重空间变化，先抑后扬，强调空间的"异质性"，即在建筑群布局上不求平整对称，而善于顺应和利用各种复杂的地形，构成活泼多变的建筑界面。圣地中心由神庙统帅全局，建筑单体讲究普遍秩序的几何性和对称性（图 2-5）。

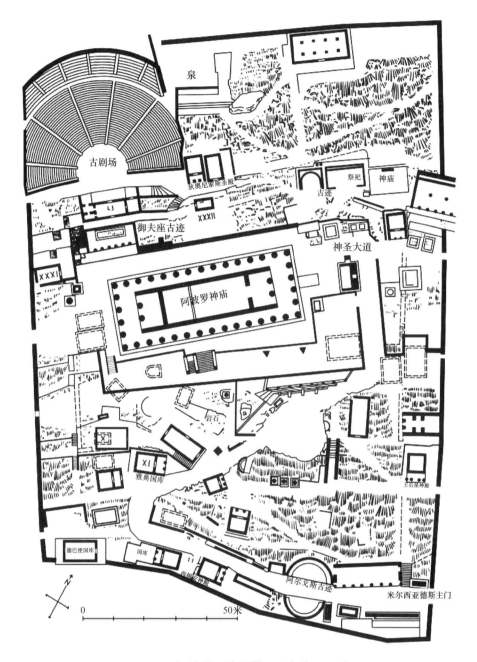

泉

古剧场

狄奥尼索斯圣殿

御夫座古迹

XXXII

神圣大道

祭祀 神庙

古迹

XXX

阿波罗神庙

岩石

X

XI

雅典国库

王后星神殿

德巴使国库

国库

西俾丝神殿

阿尔戈斯古迹

米尔西亚德斯主门

0   50米

图 2-5 阿波罗圣地平面图（朱慧敏 绘）

　　雅典国库是为了纪念雅典在公元前 490 年的马拉松战役中大胜波斯军队而建立的，包括雅典国库在内的多个宝库通常由获胜城邦修建，里面藏满了战争中缴获的战利品。雅典国库是座小型建筑，平面对称，为端柱式，面阔三间，多立克柱式支撑厚重的三角形檐口，入口处和帕特农神庙立面相似，建筑体量小巧，端庄典雅（图 2-6）。

图 2-6 雅典国库（纪天宇 绘）

阿波罗圣地最大的建筑是阿波罗神庙，迄今已有 2000 多年的历史，是爱奥尼柱式建筑风格的杰出代表，且为古代最大的双柱式神庙。阿波罗神庙始建于公元前 7 世纪，这座庙宇曾经在公元前 4 世纪被烧毁，后来又重新改造，中间曾数度被毁，公元前 370—前 330 年最后一次重建。庙长约 60 米、宽约 25 米，东、西各有 6 柱，南、北各 15 柱，全用石料精制（图 2-7）。

图 2-7 阿波罗神庙遗址（纪天宇 绘）

剧场位于阿波罗神庙的背面。古希腊所有重要的圣地、剧场、竞技场、体育场、神庙都是联系在一起的建筑群。戏剧表演的现实背景恰恰就是一个神庙。剧场自公元前 4 世纪就已经开始使用，后来在古罗马时期扩建。剧场全部采用帕尔纳索斯山中的石材建成，共有 35 排石椅，可容纳 5000 名观众。它始建的目的是举行自公元前 590 年开始举办的皮松运动会的音乐比赛。它的位置可谓占尽风水，高居阿波罗神庙之上，俯瞰连绵起伏的山峦和橄榄树林。这里也曾是古希腊人疗养心灵的神圣之地（图 2-8）。

图 2-8　剧场（纪天宇 绘）

2.3.4　古希腊三柱式

柱式是指一整套古典建筑立面形式生成的原则。基本原理就是以柱径为一个单位，按照一定的比例原则，计算出包括柱座、柱身和柱头的整个柱子的尺寸，更进一步计算出包括基座和山花的建筑各部分尺寸。最早的柱式来源于古希腊，包括多立克柱式、爱奥尼柱式和科林斯柱式三种形式。

古希腊多立克柱式的特点是粗大雄壮，没有柱础，柱身有 20 条凹槽，柱头没有装饰，长细比约为 8∶1。多立克柱又被称为男性柱（图 2-9）。

古希腊爱奥尼柱式的特点是纤细秀美，柱身有 24 条凹槽，柱头有一对向下的涡卷装饰，长细比约为 9∶1。爱奥尼柱又被称为女性柱。爱奥尼柱由于其优雅高贵的气质，广泛出现在古希腊的大量建筑中（图 2-10）。

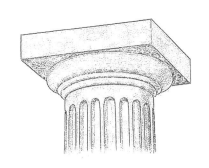 

图 2-9　多立克柱头（曹思敏 绘）　　　图 2-10　爱奥尼柱头（曹思敏 绘）

古希腊科林斯柱式的比例比爱奥尼柱更为纤细，长细比约为 10∶1，柱头用毛茛叶做装饰，形似盛满花草的花篮。相对于爱奥尼柱式，科林斯柱式的装饰性更强，但是在古希腊的应用并不广泛（图 2-11）。

图 2-11　科林斯柱头（曹思敏 绘）

2.3.5　宙斯祭坛（公元前 197—前 159 年）

宙斯祭坛位于今土耳其西部沿海，为当时帕加马王国的欧迈尼斯二世为战胜高卢人而建造，因其宏大的规模和高超的艺术而被称为古代七大奇迹之一。祭坛为一座 U 形建筑，东、西长 34.2 米、南、北长 36.44 米，周围是爱奥尼柱式的柱廊，柱廊下为高约 6 米的台座。台座上部刻有 1 条巨大的高浮雕壁带，全长约 120 米、高 2.3 米，由宽 1 米左右的雕刻石板连接而成（图 2-12）。

图 2-12　宙斯祭坛（曾振豪 绘）

浮雕带的内容是表现古希腊众神与巨人的战斗，象征帕加马对高卢人的胜利，充满了动势突出和激烈紧张的气氛。如宙斯击倒巨人、雅典娜揪住巨人头发等形象，均表现了神的巨大威力和被打败的巨人的痛苦挣扎。

2.3.6　雅典卫城（公元前 448—前 406 年）

雅典卫城始建于公元前 580 年，古希腊最杰出的建筑群，是综合性的公共建筑，为宗教政治的中心地。雅典卫城面积约有 3 公顷（1 公顷 =10000 平方米），位于雅典市中心的高 70~80 米山丘上。建筑分布在山顶长约 280 米、宽约 130 米的天然平台上，主要建筑沿西、南、北三边布局，核心地段竖立着雅典娜雕像（图 2-13）。

雅典卫城主要建筑为卫城山门、胜利神庙、雅典娜雕像、帕特农神庙、伊瑞克提翁神庙。2000 多年来，雅典卫城一直是雅典市最壮美的风景。作为古希腊建筑的代表作，雅典卫城达到古希腊圣地建筑群、庙宇、柱式和雕刻的最高

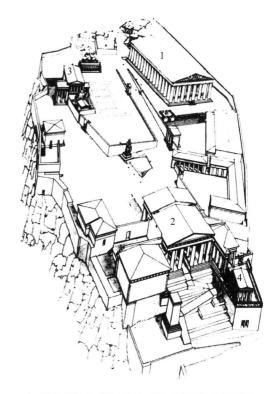

1—帕特农神庙；2—卫城山门；3—伊瑞克提翁神庙；4—胜利神庙

图 2-13　雅典卫城复原图（鄢金 绘）

水平（图 2-14）。

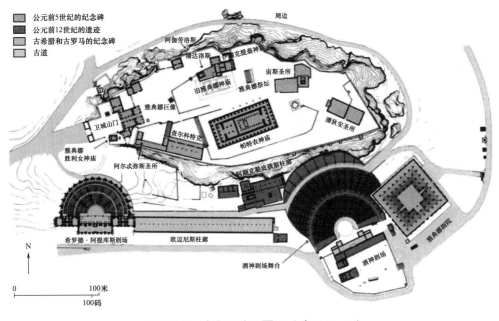

图 2-14　雅典卫城平面图（曹思敏　绘）

卫城山门建于公元前 437—前 432 年，建筑师为穆尼西克里。山门作为卫城唯一的入口，位于峭壁的西端。它突出于山顶西端，且地面不取平，而使西边比东边低 1.43 米。屋顶也同样断开，这样就保持了前后两个立面各自合适的比例。山门的北翼是绘画陈列馆，南翼是个敞廊，它们掩蔽了山门的侧面，所以山门屋顶的两段错落在外面不易被看出来（图 2-15）。

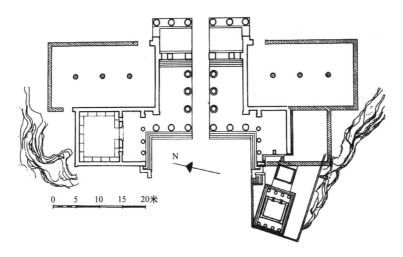

图 2-15　山门平面图（鄢金　绘）

　　卫城山门由中央的主体部分和两翼附属建筑组成。中央主体是一个由6根多立克柱式组成的门廊，门廊内使用了爱奥尼柱式。山门两侧的附属建筑都有属于自己的屋顶，使整个山门的建筑比例看起来更加协调。山门在山坡上，地面不平，而为了保持建筑达到统一平衡的视觉效果。山门的前后两部分是断开的，中间有柱廊连接，形成前后两个相对独立的立面（图2-16）。

图2-16　山门现状图（曹思敏 绘）

　　雅典娜胜利神庙（图2-17）建于公元前449—前421年，位于卫城山上。采用爱奥尼柱式，台基长8.15米、宽5.38米，前后柱廊雕饰精美，是居住在雅典的多利亚人与爱奥尼亚人共同创造的建筑艺术结晶。在古希腊人心目中，雅典娜是代表智慧、技艺与胜利的女神。由于胜利神庙所处山门两侧地形和建筑均不对称，所以通过南边的胜利神庙向前突出而取得均衡。檐壁布置有希波战争主题的浮雕，以纪念卫国战争的胜利。

　　帕特农神庙位于卫城最高处，是原

图2-17　雅典娜胜利神庙（曹思敏 绘）

始宗教的庙宇，呈长方形，庙内有前殿、正殿和后殿（图2-18）。神庙长70米、宽31米，平面为列柱围廊式，被48根多立克式柱所环绕，每根柱子高10米、直径2米，神庙总面积达1200平方米。

图 2-18　帕特农神庙（曹思敏 绘）

它的内部分成两半，朝东的一半是圣堂。圣堂内部的南、北、西三面都有列柱，是多立克柱式。列柱做成上、下重叠两层，以衬托神像的高大和内部的宽敞。神像是用象牙和黄金制成的，高约12米。朝西的一半是国库，中央有4根爱奥尼柱（图2-19）。

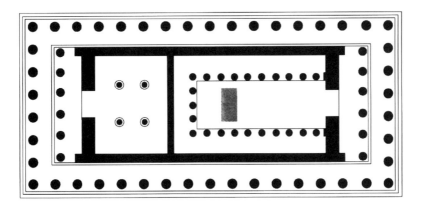

图 2-19　帕特农神庙平面图（曹思敏 绘）

伊瑞克提翁神庙建于公元前421—前405年，位于帕特农神庙北面的一块凹凸不平的高地上,是雅典卫城建筑中爱奥尼样式的典型代表(图 2-20)。它根据地形高低起伏和功能需要,运用不对称构图手法成功地突破了神庙一贯对称的格式,成为一特例。它由三个小神殿、两个门廊和一个女神像柱组成(图 2-21)。其以小巧、精致、生动的造型与帕特农神庙的庞大、粗壮、有力的体量形成对比,不仅衬托了帕特农神庙的庄重雄伟,也表现了本身的精致秀丽。

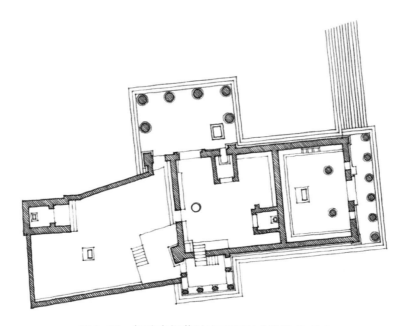

图 2-20　伊瑞克提翁神庙平面图(谢科武 绘)

图 2-21　伊瑞克提翁神庙外观(曹思敏 绘)

2.3.7 雅典风塔（公元前48年前后）

古希腊雅典的一座八面测风向的塔由建筑师安德罗尼柯斯于公元前48年前后所建，原称"安德罗尼柯斯计时塔"。塔高约14.63米，四正向（东、南、西、北）墙无门，仅有采光窗，四隅向（东北、东南、西北、西南）墙有门，门外有廊檐柱阶，可导以入塔。

塔顶原有一黄铜风标，据说是希腊神话中的海神波塞冬之子小海神特里通的形象。它人首鱼尾，手执三股叉，可随风旋转。八面塔各面正对八方位，当风稳定时，特里通之叉即指风来向之塔面。当有雷暴时，风标尖端会放电。塔面上方有各向的带翅风神浮雕，风神浮雕下有凸出物，可作为日晷于晴日计时。塔内有水漏设施，可于阴雨日计时（图2-22）。

图 2-22 雅典风塔（曾振豪 绘）

2.3.8 奖杯亭（公元前335—前334年）

奖杯亭是集中式纪念性建筑物，位于雅典卫城东面不远处，是早期科林斯柱式的代表作。圆形的亭子高3.86米，立在4.77米高的方形基座上。圆锥形顶子之上是卷草组成的架子，用于放置音乐赛会的奖杯。亭子是实心的，周围有6根科林斯式的倚柱。

它的构图手法是：第一，基座和亭子各有完整的台基和檐部，构图独立，二者协调统一，是多层建筑组合普遍遵守的法则。第二，圆亭和方基座相切，是圆形和方形体积间常用的交接法。第三，下部简洁厚重，越往上越轻快华丽，分划越细。下部用深色粗石灰石，表面处理比较粗糙，砌缝清晰；上部用白大理石，表面光滑，不露砌缝。这种处理，使它显得稳重而有树木般的向上生长的态势（图2-23）。

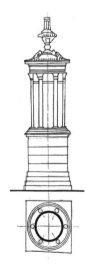

图 2-23 奖杯亭
（曾振豪 绘）

2.3.9 埃庇道鲁斯剧场（公元前 4 世纪）

埃庇道鲁斯剧场是古希腊著名建筑师阿特戈斯和雕刻家波利克里道斯的杰作，坐落在一座山坡上，中心的舞台直径为 20.4 米。歌坛前的 34 排大理石座位依地势建在环形山坡上，次第升高，像一把展开的巨大折扇，全场能容纳 1.5 万余名观众。剧场中的音响效果更是奇迹中的奇迹。在山下的舞台中央，划一根火柴或是撕一张纸，声音都能清楚地传到最后一排；无论从剧场的哪个角落，都能听到舞台上的低语。原来，每排座椅底下，都有陶制的容器以减少回声，因此，该剧场誉为"古希腊建筑运用声学原理的典范"（图 2-24）。

图 2-24　埃庇道鲁斯剧场（曹思敏　绘）

3　古罗马建筑

3.1　古罗马建筑产生背景（公元前 8 世纪—476 年）

古罗马发源于意大利半岛中部西岸的一个小城邦国家，公元前 5 世纪起实行自由民的共和政体。公元前 3 世纪，罗马统一了全意大利，包括北面的伊达拉里亚人和南面的希腊殖民城邦。接着向外扩张，到公元前 1 世纪末，统治了东起小亚细亚和叙利亚，西到西班牙和不列颠的广阔地区。北面包括高卢（相当于现在的法国、瑞士的大部以及德国和比利时的一部分），南面包括埃及和北非。公元前 30 年起，罗马建立了军事强权专政，成为帝国，国力空前强大，在文化上，成为这个地区所有古代文明成就的继承者，在经济上，它掌握这个地区丰盈的财富。有大量的奴隶为罗马帝国服役。但是，两百年的和平减少了奴隶的来源，而且比较宽松的佃奴制显示出比赤裸裸的奴隶制更有利，所以公元 3 世纪，佃奴制逐渐代替了奴隶制，意大利的经济趋向自然经济，基督教开始传播。到 395 年，罗马帝国分裂为东西两部。410 年，日耳曼的西哥特人在领袖阿拉里克率领下，进入意大利，围攻罗马城，在城内奴隶的配合下打开城门，此后在西罗马帝国境内建立西哥特王国；476 年，罗马雇佣兵领袖日耳曼人奥多亚克废黜西罗马最后一个皇帝罗慕路斯·奥古斯都，西罗马帝国遂告灭亡。而东罗马帝国则发展为封建制的拜占庭帝国，在 1453 年被奥斯曼帝国所灭。

在地理地质方面：意大利的地质成分与希腊不同，希腊主要的建筑材料是大理石和陶土，罗马则除大理石、陶土外，尚有一般的石料、砖料、砂子及小卵石，都是上等的建筑材料。特别重要的是意大利的火山灰，是一种最早的天然水泥，用它可以调成灰浆和混凝土。这些灰浆和混凝土从很早的时候起就成为意大利人建筑技术的基础。它的使用是一场革命完全改变了建筑结构系统，从而改变了建筑面貌。因此罗马有可能建造体量轻、跨度大的建筑，它的记录一直保持到 19 世纪后期。

在政治经济方面：公元前 8 世纪至前 6 世纪史称王政时代。先后 7 王主政，氏族部落组织尚完整，层级分为王、元老院、库里亚会议（罗马称胞族为库里亚，每 10 个氏族组成一个胞族，后为百人队会议取代）；在共和时代的早期主要表现为平民与贵族的斗争，持续了近 2 个世纪。百人队会议从贵族中选出 2 名执政官行使最高行政权力，为期 1 年，而掌握国家实权的则是元老院。随着贵族与平民之间对立的加深，贵族承认了平民所选的"保民官"，负责保护平民的权力不受贵族侵犯；帝国时期奥古斯都创建元首制，其实就是帝制。他在位期间，实行了一系列积极的改革，促进了经济和社会的发展，并且对外扩张，使帝国北疆到达莱茵河与多瑙河一带。

古罗马的建筑分为三个时期：伊特鲁里亚时期（公元前 8—前 2 世纪）；罗马共和国盛期（公元前 2 世纪—前 30 年）；罗马帝国时期（公元前 30—476 年）。

伊特鲁里亚时期（公元前 8—前 2 世纪）：伊特鲁里亚曾是意大利半岛中部的强国。其建筑在石工、陶瓷构件与拱券结构方面有突出成就。罗马王国与共和初期的建筑就是在这个基础上发展起来的。

罗马共和国盛期（公元前 2 世纪—前 30 年）：罗马在统一半岛与对外侵略中聚集了大量劳动力、财富与自然资源，有可能在公路、桥梁、城市街道与输水道方面进行大规模的建设。公元前 146 年对希腊的征服，又使它承袭了大量的希腊与小亚细亚文化和生活方式。于是除了神庙之外，公共建筑如剧场、竞技场、浴场、巴西利卡等十分活跃，并发展了罗马角斗场。同时，希腊建筑在建筑技艺上的精益求精与古典柱式也强烈地影响着罗马建筑。

罗马帝国时期（公元前 30—476 年）：公元前 30 年罗马共和国执政官奥古斯都称帝。从帝国成立到 180 年左右是帝国的兴盛时期，这时，歌颂权力、炫耀财富、表彰功绩成为建筑的重要任务，建造了不少雄伟壮丽的凯旋门、纪功柱和以皇帝名字命名的广场、神庙等。此外，剧场、圆形剧场与浴场等亦趋于规模宏大与豪华富丽。3 世纪起帝国经济衰退、建筑活动也逐渐没落。以后随帝国首都东迁拜占庭，帝国分裂为东、西罗马帝国，建筑活动仍长期不振，直至 476 年西罗马帝国灭亡为止。

3.2　古罗马建筑的特点

古罗马建筑是建筑艺术宝库中的一颗明珠，承载了古希腊文明中的建筑风格，凸显地中海地区特色，同时又是古希腊建筑的一种发展。古罗马在公元前 2 世纪成为地中海地区强国，与此同时罗马人也开始了罗马的建设工程。到公元 1 世纪罗马帝国建立时，罗马城已成为与东方长安城齐名的世界性城市。其城市基础设施建设已经相对完善，城市逐步向艺术化方向发展，罗马建筑以其对称、宏伟而闻名世界。

古罗马建筑是古罗马人沿习亚平宁半岛上伊特鲁里亚人的拱券技术，继承古希腊建筑成就，在建筑形制、技术和艺术方面广泛创新的一种建筑风格。古罗马建筑一般以厚实的砖石墙、半圆形拱券、逐层挑出的门框装饰和交叉拱顶结构为主要特点。

古罗马建筑的类型很多，有罗马万神庙、维纳斯和罗马庙，以及巴尔贝克（在今黎巴嫩）太阳神庙等宗教建筑，也有皇宫、剧场、角斗场、浴场以及广场和巴西利卡（长方形会堂）等公共建筑。居住建筑有内庭式住宅、内庭式与围柱式院相结合的住宅，还有四五层公寓式住宅。

古罗马世俗建筑的形制相当成熟，与功能结合得很好。例如罗马帝国各地的大型剧场，观众席平面呈半圆形，逐排升起，以纵过道为主、横过道为辅。观众按票号从不同的入口、楼梯到达各区座位。人流不交叉，聚散方便。舞台高起，前有乐池，后面是化妆楼，化妆楼的立面便是舞台的背景，两端向前凸出，形成台口的雏形，已与现代大型演出性建筑物的基本形制相似。古罗马多层公寓常用标准单元。一些公寓底层设商店，楼上住户有阳台。这种形制同现代公寓也大体相似。从剧场、角斗场、浴场和公寓等形制来看，当时建筑设计这门技术科学已经相当发达。古罗马建筑师维特鲁威写的《建筑十书》就是这门科学的总结。

古罗马建筑能满足各种复杂的功能要求，主要依靠水平很高的拱券结构获得宽阔的内部空间。古罗马建筑艺术成就很高，大型建筑物风格雄浑凝重，构图和谐统一，形式多样。罗马人开拓了新的建筑艺术领域，丰富了建筑艺术手法。

3.3 古罗马建筑代表性实例

3.3.1 券柱式

在墙上或墩子上贴装饰性的柱式，把弧形券套在方形的梁柱开间内，柱贴在拱券的表面，券脚、券面也用柱式线脚。柱子凸出于墙面大约 3/4 个柱径。这种券柱式的构图很成功。方的墙墩同圆柱产生对比，方的开间同圆券产生对比，富有变化。这种形式构图非常完美：圆券同梁柱相切，有龙门石和券脚线脚加强联系，加以一致的装饰细节，所以风格很统一。但柱式成为单纯的装饰品，有损于结构逻辑的明确性。柱子倚在墙墩上，轮廓的重要性降低了，导致它们失去了希腊柱子的精致（图 3-1）。

图 3-1　券柱式

3.3.2　筒拱

覆盖平面为长方形的内部空间的弧形拱顶被称为筒拱（图 3-2）。与其走向平行的两侧墙为承重墙。

交叉拱（图 3-3）由两个筒形拱直角相交而成，相交处形成棱沟，故又叫棱拱。它能使内部空间开敞并利于采光。

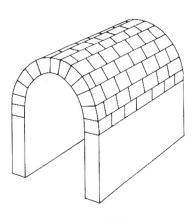

图 3-2　筒拱

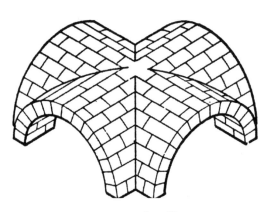

图 3-3　交叉拱

十字拱属于交叉拱的一种，因为所相交的两拱跨度相同，棱沟的投影呈正十字形，故称十字拱（图3-4）。十字拱覆盖在方形的间上，只需要四角有支柱，而不需要连续的承重墙，建筑内部空间得到解放，促进了建筑平面的模数化。侧推力的平衡常用十字拱串连的方法加以解决。

图 3-4　十字拱

3.3.3　玛克辛提乌斯巴西利卡（307—312年）

玛克辛提乌斯巴西利卡又名和平庙，位于罗马城中心。它的拱顶高度和跨度是古罗马遗迹中最大的。伯拉孟特在设计圣彼得大教堂时曾说："我要把罗马的万神庙举起来，搁到和平庙的拱顶上去。"中央一串3间十字拱，横跨度25.3米、高40米，左右各有3个横向筒形拱，高24.5米、长17.5米。后来又在横向筒形拱的承重墙上以最大的跨度发券开洞口，使室内空间更加通畅且复杂（图3-5~图3-7）。

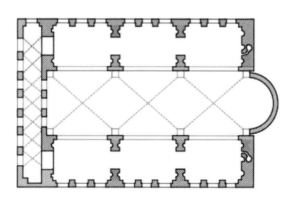

图 3-5　玛克辛提乌斯巴西利卡平面图（**江罗翊钦 绘**）

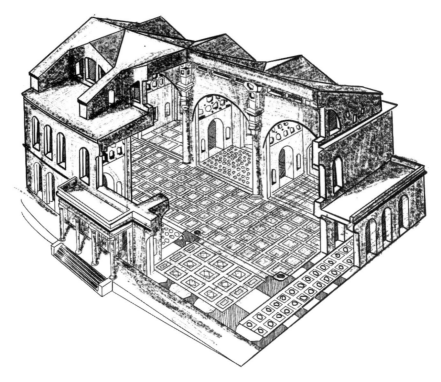

图 3-6　玛克辛提乌斯巴西利卡轴测图（江罗翊钦　绘）

图 3-7　玛克辛提乌斯巴西利卡室内透视图（江罗翊钦　绘）

3.3.4 君士坦丁凯旋门（315年）

君士坦丁凯旋门建于 315 年，是罗马城现存的 3 座凯旋门中年代最晚的一座。它是为庆祝君士坦丁大帝于 312 年彻底战胜强敌马克森提，并统一帝国而建的。这是一座 3 个拱门的凯旋门，高 21 米，面宽 25.7 米，进深 7.4 米。

凯旋门的里里外外充满了罗马帝国各个重要时期的浮雕，是一部生动的罗马雕刻史。

巨大的凯旋门和丰富的浮雕大而气派，但缺乏整体感。凯旋门上方的浮雕板是当时从罗马其他建筑上直接取来的，主要内容为历代皇帝的生平业绩，如安东尼、哈德良等，下面则是君士坦丁大帝的战斗场景。所以君士坦丁凯旋门虽然是罗马 3 座凯旋门中建造最晚的一座，但仍然可以看出早期罗马艺术的影子，而且保存比较完好（图 3-8）。

图 3-8　君士坦丁凯旋门（*江罗翙钦　绘*）

3.3.5 凯撒广场（公元前54—前46年）

凯撒广场总面积为 12000 平方米，广场中央轴线上建有维纳斯神庙，神庙前廊有 8 根柱子，进深三跨。广场成为庙宇的附属前院。维纳斯是凯撒家族的保护神，因此，广场显然是凯撒个人的纪念物，广场中间立着镀金的凯撒骑马青铜像。它是第一个明确封闭的、轴线对称的、以一个庙宇为主体的广场新形制。广场上各个建筑物失去了独立性，被统一在一个构图形式之中（图 3-9）。

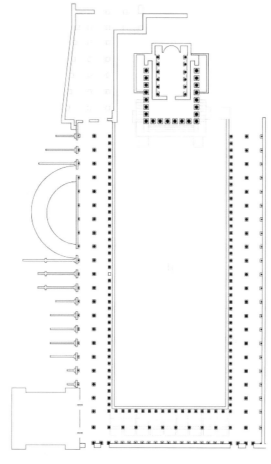

图 3-9　凯撒广场平面图（纪天宇　绘）

3.3.6　图拉真广场（98—113 年）

图拉真广场位于奥古斯都广场西面，是一个进深 300 米的巨大场地，分为四个部分。设计师阿波罗多拉斯深受东方文化影响，因此广场风格带有东方样式。广场最东面是一个弧形柱廊，柱廊正中间是图拉真凯旋门，从这里可以到达东面的奥古斯都广场。穿过图拉真凯旋门，越过广场大理石地板的广阔区域与之相对的是乌尔比亚巴西利卡。它全长 122 米，外观平面构图类似于一个现代的田径场，长边为直段，两个短边呈半圆形（图 3-10）。

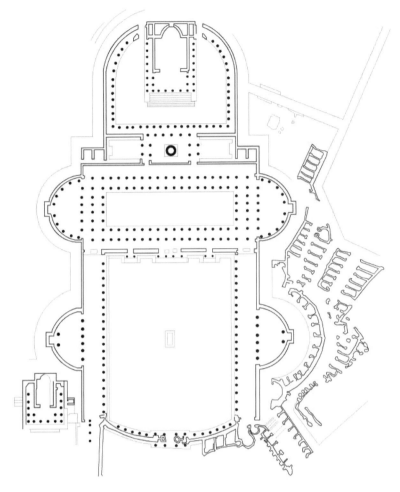

图 3-10　图拉真广场（纪天宇 绘）

3.3.7　奥古斯都广场（公元前 42—2 年）

奥古斯都广场面积大约为 9960 平方米，广场中心建筑为战神庙宇，采用围廊式，面阔 35 米，正入口 8 根列柱，柱高 17.7 米，底径 1.75 米，立在 3.55 米高的台基上，周围有一圈单层的柱廊，把庙宇衬托得高大，在两旁各有一个半圆形的敞廊讲堂，从而首创通过建筑物形成广场，并成为构图的中心。广场周边的围墙全用大块花岗石砌筑，厚 1.8 米，高度达 36 米，全长 450 米，把广场同城市完全隔绝（图 3-11）。

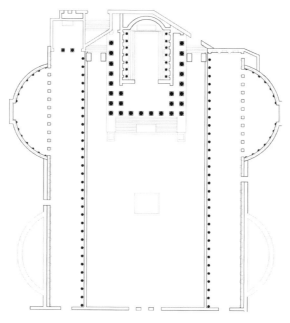

图 3-11　奥古斯都广场平面图（纪天宇 绘）

3.3.8　马采鲁斯剧场（公元前 44—前 13 年）

罗马城里的马采鲁斯剧场，观众席最大直径为 130 米，可以容纳 10000~14000 人。舞台面宽 80~90 米，两侧有大厅。马采鲁斯剧场建造时正逢皇帝奥古斯都提倡复兴希腊文化，立面比较严谨、简洁，柱式典雅。开间为层高的一半，约合 4 个柱径，还保持着梁柱结构的比例，显得很匀称（图 3-12）。

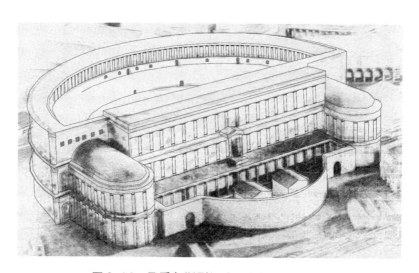

图 3-12　马采鲁斯剧场（一）（阙俊龙 绘）

观众席的形制同希腊晚期的基本一样，将舞台后面的化妆室扩大，成为一幢庞大的多层建筑物。它两端向前伸出，同半圆形的多层观众席连接成整体，檐口连接交圈。舞台夹在化妆室伸出的两翼之间，早期台前的表演区只剩下半圆形一片，作为乐池。化妆室的墙面作为舞台的背景，用倚柱、壁龛、雕像等装饰得非常华丽（图3-13）。

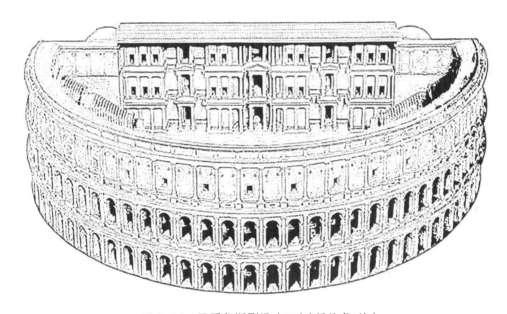

图 3-13　马采鲁斯剧场（二）（阙俊龙　绘）

架起来的观众席下面空间有两三层，用来布置楼梯和环形廊。底层有两道环形廊，里面一道环廊集散前排观众，外面一道环廊在出入口和楼梯之间，集散需要上楼梯的后排观众。第二层和第三层沿外墙还有环廊，为后排观众集散之用。观众席里以纵过道为主（图3-14）。

由维特鲁威的《建筑十书》可知，剧场有细致的声学处理，座位下有做共振用的铜质空瓮。剧场的功能、结构和艺术形式的相互关系很自然。它们的形制成熟，推敲深入，说明罗马的建筑学已经达到很高的水平。

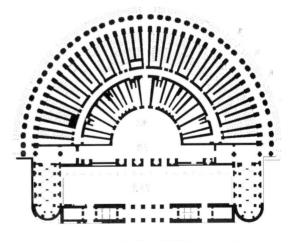

图 3-14　马采鲁斯剧场平面图（阙俊龙　绘）

3.3.9 罗马大角斗场（72—80 年）

角斗场兴起于共和末期，遍布各个城市。平面为椭圆形，相当于两个剧场的观众席相对合一，专为野蛮的奴隶主和游氓们看角斗而造。从功能、规模、技术和艺术风格各方面来看，罗马城里的大角斗场是古罗马建筑的代表作之一（图 3-15）。

图 3-15　罗马大角斗场鸟瞰图（纪天宇　绘）

大角斗场长轴 188 米，短轴 156 米，中央的"表演区"长轴 86 米，短轴 54 米，观众席大约有 60 排座位，逐排升起，分为五区。前面一区是荣誉席，最后两区是下层群众的席位，中间席位是供骑士等地位比较高的公民坐的。荣誉席比"表演区"高 5 米多，下层群众席位和骑士席位之间也有 6 米多的高差，社会上层的安全措施很严密。最上一层观众席背靠外立面的墙，没有用拱券支承，而是用木构，为的是减轻自重，避免拱券沉重的侧推力挤垮外墙（图 3-16）。

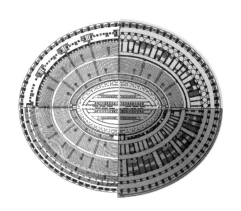

图 3-16　罗马大角斗场平面图（阙俊龙　绘）

这样一个容纳 5 万 ~8 万人的大角斗场，观众的聚散安排得很有序。外圈环廊供后排观众交通和休息之用，内圈环廊供前排观众使用。楼梯在放射形的墙垣之间，分别通达观众席各层各区，人流不相混杂。出入口和楼梯都有编号，观众按座位号找到相关的入口和楼梯，便很容易找到座位区和座位。兽槛和角斗士室在地下，有周密的排水设施（图 3-17）。角斗士和野兽的入场口在底层，每逢"表演"的时候，野兽和角斗士被从地下室吊上来。"表演区"上满铺砂子，为的是人或野兽流血的时候可借砂子层吸收，不致鲜血横流于地面。

图 3-17　罗马大角斗场内景图（王俊程 绘）

大角斗场以 4 层拱券搭建而成，总高度达 50 米，每层 80 个拱，下面 3 层用券柱式装饰，从下往上依次是多立克、爱奥尼和科林斯柱式，顶层实墙以科林斯壁柱分割墙面（图 3-18）。立面上不分主次，适合于人流均匀分散的实际情况。由于券柱式的虚实、明暗、方圆的对比很丰富，又兼本身是长圆形，光影富有变化，所以虽然周圈一律，却并不单调。相反，这样的处理保持并充分展现了它几何形体的单纯性，浑然而无始终，更显得形体完整、气势宏伟。

图 3-18　罗马大角斗场外观（王俊程 绘）

3.3.10　罗马万神庙（120—124 年）

万神庙为纪念奥古斯都（屋大维）打败安东尼而建造，以献给护佑罗马的"所有之神"，故称为"万神庙"。公元 80 年被焚毁，后由哈德良皇帝重建，采用穹顶覆盖的集中式形制。它是单一空间、集中式构图建筑物的代表，也是罗马穹顶技术的最高代表，曾经是现代结构出现以前世界单跨度最大的建筑（图 3-19）。

图 3-19　万神庙外观图（符嘉颖 绘）

万神庙平面是圆形与矩形的组合，穹顶直径达 43.3 米，顶端高度也是 43.3 米。

穹顶象征天穹，中央开有直径8.9米圆洞，寓意人与神的连接。从圆洞射入的阳光照亮昏暗的内部，营造出一种神秘的宗教氛围（图3-20、图3-21）。

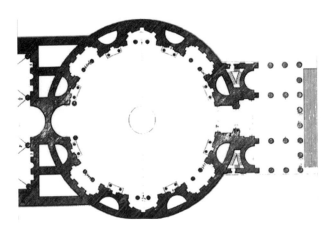

图 3-20　万神庙平面图（符嘉颖 绘）

图 3-21　万神庙穹顶内部（符嘉颖 绘）

　　万神庙主体为混凝土浇筑，为了减轻自重，厚墙上开有壁龛，上有发券承重，龛内置神像。采用细致的小尺度划分，如穹顶做五层凹格，墙面分上下两层，以衬托其体量的巨大和空间的宏大（图3-22）。

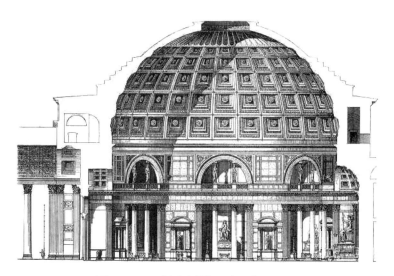

图 3-22 万神庙剖面图（符嘉颖 绘）

罗马万神庙集罗马穹隆与希腊门廊于一身，门廊正面有 8 根科林斯柱子，高 14.15 米、直径 1.51 米，但柱身无槽。外部艺术按照以前的传统的方形柱廊处理，门廊有 3 排列柱，柱身用红色花岗石，柱头以白色大理石制成，采用科林斯柱式，形象庄重肃穆（图 3-23）。

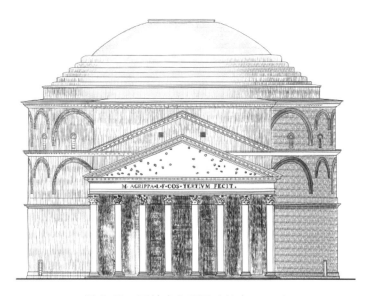

图 3-23 万神庙立面图（符嘉颖 绘）

3.3.11 卡拉卡拉浴场（211—217 年）

古罗马人非常崇尚洗浴，浴场遍布罗马世界的各个角落。卡拉卡拉浴场位于罗马中心边缘的南部，建于罗马皇帝卡拉卡拉统治帝国期间。浴场总面积16万平方米，除3万平方米的浴场外，还有图书馆、竞技场、散步道、健身房等各种配套设施，不逊于现代的大型休闲娱乐中心。浴场内分为冷水、温水、热水浴室和蒸汽室及更衣室等（图3-24）。

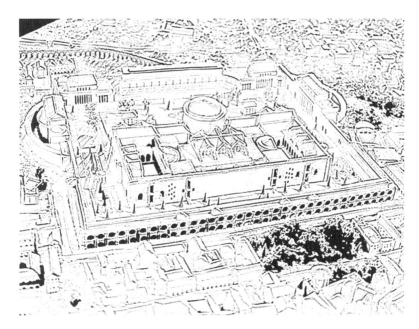

图 3-24　卡拉卡拉浴场鸟瞰图（曹思敏 绘）

　　卡拉卡拉浴场的主体建筑长216米、宽122米。建筑沿道路四周围合，店铺位于主入口前沿和两侧的前部，场地内外有高差，临街2层，面向院内1层。演讲厅和图书馆接在两侧店铺后面。浴场后部是运动场，它的看台后方建有蓄水池，容量33000立方米，水由高架输水道送来。看台的左右还有演讲厅。

　　浴场主体主要由热水浴室、温水浴室和冷水浴室三部分构成。热水浴室是所有浴室中空间最大的，长55.8米，宽24.1米，穹顶高度为38.1米。穹顶在底部沿四周开一圈窗，以排出雾气。温水浴室为体量巨大的中央大厅，由3个十字拱组成。十字拱的质量集中在8个墩子上。墩子外侧有一道横墙以加强抵抗拱顶的侧推力，横墙之间跨上筒形拱，既增强了整体性，又扩大了大厅。大厅借十字拱开很大的侧高窗，有直接的天然采光（图3-25）。

　　冷水浴、温水浴和热水浴三个大厅串联在中央纵轴线上，而以热水浴大厅的集中式空间收尾。两侧的更衣室等组成横轴线。主要的纵横轴线相交在最大的温水浴大厅中，使它成为最开敞的空间。轴线上，空间的大小、纵横、高矮、开阔交替地变化着。不同的拱顶和穹顶又造成空间形状的变化。浴场的内部空间的流转贯通和变化丰富，这主要是形成了各种拱顶之间的平衡体系，摆脱了承重墙的结果。把浴场同万神庙比较，可以看到结构的进步彻底改变了建筑的空间艺术，从单一空间到复合空间，空间在建筑艺术中的作用大大提高了。

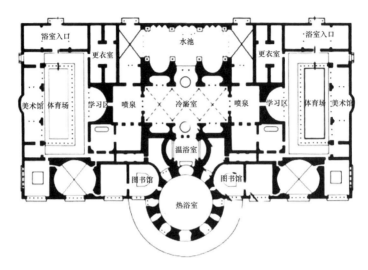

图 3-25 卡拉卡拉浴场平面图（周纪琳 绘）

3.3.12 古罗马时期天井式住宅（公元前 2 世纪）

庞贝城的天井式住宅的中央是一间矩形的大厅，屋顶中央有一个开敞的天井口，四水归堂，在地上对应有一个水池。大厅是家庭生活的中心，做饭、料理家务、接待宾客、祭祀等均在此进行。厅后是 3 间正房，中间一间格外明亮华丽。天井一侧设一间餐厅，地面铺五彩马赛克，画面复杂丰富。它三面是供坐卧的固定台子，就餐时就偃卧于台上。卧室一般在侧面楼上，旁边还布置有书房、藏书室和卫生间等辅助用房（图 3-26）。

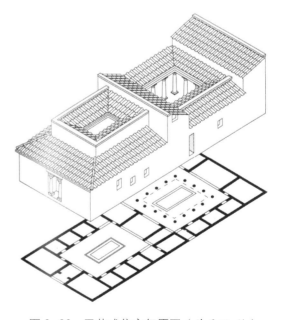

图 3-26 天井式住宅复原图（盖月珊 绘）

3.3.13 古罗马时期多层公寓住宅（2世纪）

罗马公寓（又叫街屋）兴起于共和时期，成熟于帝国时期，如罗马和奥斯蒂亚等城市集中兴建了大量的城市公寓，由于数量多、体量较大和形制统一，故成为城市重要的风貌。

古罗马普通城市居民大多居住在公寓中。公寓是一种集合型出租的建筑，空间设计常采用标准单元，根据质量和标准分为普通和高级两类。普通型公寓底层采用前店后作坊形式，上层则是住户。也有每户沿进深方向依次布置房间，但通风采光不佳。少数高级公寓底层整层住一户，带有院落，上面几层分户出租（图3-27）。

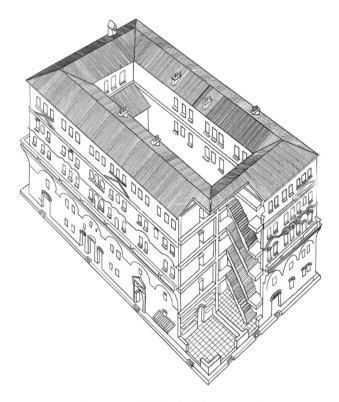

图 3-27　多层公寓（盖月珊　绘）

3.3.14 银婚府邸（公元前2世纪）

银婚府邸是典型的庭院式住宅。一条窄窄的过道，是一个由4根科林斯柱式支承的围柱廊。廊部檐口有数层向外凸出的线脚，上置一圈小型雕塑。由于柱廊较为宽大，反使庭院显得很小，似乎只是一个采光天井。正对天窗，是一座低于地面的储水池。穿过后边过道，便是围有柱廊的花园。府邸内所有房间的门窗不是开向天井，便是开向花园。四周外墙均不开窗，装饰有各种自然风光的壁画（图3-28）。

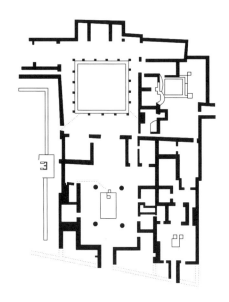

图 3-28　银婚府邸平面图（盖月珊 绘）

3.3.15　戴克利提乌姆离宫（4 世纪）

　　戴克利提乌姆离宫是一座意大利古建筑，位于亚得里亚海东岸的斯普利特，由皇帝戴克利提乌姆建造。它的布局类似罗马的军事营垒，四面有高墙和碉楼，尺寸为 213 米 ×174 米。十字形的道路把它分成四部分，分别是陵墓、庙宇、寝宫和朝政机构。皇帝的正宫在朝政部分南部的正中，殿宇宏大，中央大殿大约有 30 米深、25 米宽，两侧有大小不一的厅堂环绕。它的南面是长达 150 多米的柱廊，伸向海面（图 3-29）。

图 3-29　戴克利提乌姆离宫（肖信源 绘）

3.3.16 加尔水道桥（公元前 2 世纪）

加尔水道桥位于法国尼姆，是古罗马为供应城市生活用水而建的输水道。在罗马本土及其殖民地凡逢山遇水均有类似水道桥。水道原长近 50 千米，现存的是横跨加尔河谷的一段，长 268.83 米。渡槽离地约 40 米。桥分上中下三层：下层行人，8 拱；中层 8 拱；上层 35 拱，走水渠，水渠斜度 1/3000。桥身由石块垒砌而成，且不加灰泥涂抹，表面石块不规则凸起，原本是为固定木脚手架之用。桥身设计成缓和曲线，桥墩底部有分水倒角，以抵御洪水冲击，桥拱则保证河水能够畅通无阻。尼姆市最繁荣时有 5 万人口，加尔水道每天可供应尼姆市民人均 400 升的水量。加尔水道桥是罗马帝国水利工程师与建筑师合作的杰作（图 3-30）。

图 3-30　加尔水道桥（曹思敏 绘）

3.3.17 潘萨府邸（公元前 2 世纪）

潘萨府邸的规模很大，占据庞贝市中心附近整整一座街坊。由于住宅进深大，房间密集，便在中轴线上前后布置了 2 个庭院，前边为带有储水池的一般内院，而客厅后面则是一座面积较大、由 16 根科林斯柱子围成的柱廊院（图 3-31）。

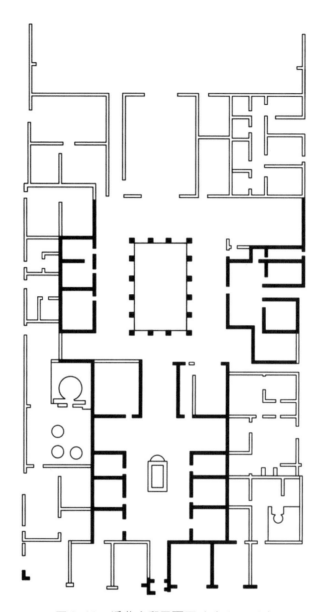

图 3-31　潘萨府邸平面图（盖月珊　绘）

　　2 个院子周围均排布卧室、生活起居的厅堂和图书室、娱乐室等辅助用房，廊院正北是宅邸中面积最大的正厅，穿过正厅边上的走廊，可到带有单面柱廊的后花园。整座住宅的布局紧凑合理，有一条中轴线，但房间排列并不绝对对称，而是互有参差，在有序中凸显灵活，具有一种均衡的美（图 3-32）。

图 3-32　潘萨府邸内院（曹思敏 绘）

4 拜占庭建筑

4.1 拜占庭建筑产生背景（4—15世纪）

拜占庭帝国即东罗马帝国。拜占庭帝国共历经12个朝代，93位皇帝，是欧洲历史上最悠久的君主制国家。395年，罗马帝国皇帝狄奥多西一世（346—395年）逝世。临终前，将帝国东、西部分交给两个儿子继承，即以基督教为国教的罗马帝国东西分治，德国史学家称帝国东部（东罗马帝国）为拜占庭帝国，其统治延续到15世纪，1453年被土耳其人灭亡。东罗马帝国的版图以巴尔干半岛为中心，包括小亚细亚、地中海东岸和北非、叙利亚、巴勒斯坦、两河流域等，建都于君士坦丁堡。东罗马帝国以古罗马的贵族生活方式和文化为基础，由于贸易往来，融合了东方阿拉伯、波斯文化色彩，形成以基督教为背景的拜占庭式建筑艺术。

从历史发展的角度来看，东罗马建筑是在继承古罗马建筑文化的基础上发展起来的，同时，由于地理关系，它又汲取了波斯、两河流域、叙利亚等东方文化，形成了自己的建筑风格。拜占庭原是古希腊与罗马的殖民城市，其建筑按国家发展可分为三个阶段：

第一阶段（4—6世纪）：主要是按古罗马城的外形来建设君士坦丁堡，在6世纪出现了规模宏大的以一个穹隆为中心的圣索菲亚大教堂。

第二阶段（7—12世纪）：由于外敌相继入侵，国土缩小，建筑减少，规模也大不如前。其特点是占地少而向高空发展，中央大穹隆没有了，改为几个小穹隆群，并着重于装饰，如威尼斯的圣马可教堂。

第三阶段（13—15世纪）：十字军的数次东征使东罗马帝国大受损失，这个时期的建筑既不多，也没有什么新的创造，后来在土耳其入主后大多破损无存了。

在地理气候方面：拜占庭帝国地处欧亚大陆交接处，是黑海与地中海间水路的必经之路，又是欧洲和亚洲陆路运输的中心。地理上的优势使拜占庭成为罗马帝国扩张的中心。君士坦丁堡本地并无良好石料，只产砖、粗石、石灰等，大理石由地中海东岸各地输入。拜占庭帝国版图辽阔，境内大部分地区气候干燥。罗马人考虑了东方的气候特点，采用窗户狭小、庭院四周有游廊的建筑形式。

在政治经济方面：拜占庭帝国的最高权力由皇帝掌握。皇帝是整个帝国的象征，也是最高政治领袖、军队的最高统帅、最高的司法裁判者和宗教的最高主宰。早期的拜占庭帝国采取类似于罗马帝国的行政制度，设立元老院、执政官和各大区长官。随着时间推移，元老和执政官逐渐变为荣誉性头衔。拜占庭帝国所控制过的最大领土面积为356万平方千米（查士丁尼一世时期），人口颠峰值则为3400万（4世纪）。帝国的经济以农业为基础，并拥有发达的商业和手工业。在中世纪早期的几百年中，拜占庭一直是欧洲经济最发达的国家。它的货币索利都斯长期以来是欧洲和西亚的国际流通货币。

4.2 拜占庭建筑特点

拜占庭的文化受希腊影响很大，因为它曾经是希腊的殖民地。拜占庭帝国还和东方各国如伊朗、阿拉伯、印度、中国都进行过广泛的贸易，在建筑上也表现出受东方的影响。拜占庭建筑的特点是十字架横向与竖向长度差异较小，其交点上为一大型圆穹顶。穹顶在方形的平面上，建立覆盖穹顶，并把质量落在四个独立的支柱上，这对欧洲建筑发展是一大贡献。圣索菲亚大教堂是典型拜占庭式建筑。其堂基与罗马式建筑的一样，呈长方形，但是，中央部分房顶由一巨大圆形穹隆和前后各一个半圆形穹隆组合而成。

在建筑及室内装饰上，最早的成就表现在基督教堂上，最初也是沿袭巴西利卡式的形制。但到5世纪时，人们创立了一种新的建筑形制，即集中式形制。这种形制的特点是把穹顶支撑在四个或更多的独立支柱上的结构形式，并以帆拱作为中介连接。同时可以使成组的圆顶集合在一起，形成广阔而有变化的新型空间形象。与古罗马的拱顶相比，这是一个巨大的进步。

总体来说可以概况为四个特点：第一个特点是屋顶造型普遍使用"穹隆顶"。第二个特点是整体造型中心突出。在一般的拜占庭建筑中，建筑构图的中心往往十分突出，体量既高又大的圆穹顶往往成为整座建筑的构图中心。围绕这一中心部件，周围又常常有序地设置一些与之协调的小部件。第三个特点是它创造了把穹顶支承在独立方柱上的结构方法和与之相应的集中式建筑形制。其典型做法是在方形平面的四边发券，在四个券之间砌筑以对角线为直径的穹顶，仿佛一个完整的穹顶在四边被发券切割而

49

成。它的质量完全由四个券承担，从而使内部空间获得极大的自由。第四个特点是在色彩的使用上，既注意变化，又注意统一，使建筑内部空间与外部立面显得灿烂夺目。

其在内部装饰上也极具特点，墙面往往铺贴彩色大理石，拱券和穹顶面不便贴大理石，就用马赛克或粉画。马赛克是用半透明的小块彩色玻璃镶成的。为保持大面积色调的统一，在玻璃马赛克的后面先铺一层底色，最初为蓝色，后来多用金箔做底。玻璃块往往有意略做不同方向的倾斜，造成闪烁的效果。粉画一般常用在规模较小的教堂，墙面抹灰处理后由画师绘制一些宗教题材的彩色灰浆画。柱子与传统的希腊柱式不同，具有拜占庭独特的特点：柱头呈倒方锥形，刻有植物或动物图案，多为忍冬草。

4.3 拜占庭的建筑代表性实例

4.3.1 斐鲁扎巴德宫殿（3世纪）

拜占庭帝国时期，在波斯和阿尔美尼亚一带，人们用横放的喇叭形拱在四角把方形变成八边形，在上面砌穹顶。叙利亚和小亚细亚一带则用大石板层层抹角，成十六边或三十二边形之后，再承托穹顶（图4-1）。在此基础上，拜占庭发展出在4个独立支柱上，覆盖穹顶的最合理方案，从而创造穹顶统率之下的灵活多变的集中式形制，对欧洲纪念性建筑的发展做出巨大的贡献。斐鲁扎巴德宫殿的内部单元是一个正方形的空间，上面戴一个穹顶，形成了集中式形制，生动地反映了古代穹顶与帆拱的演变过程（图4-2）。

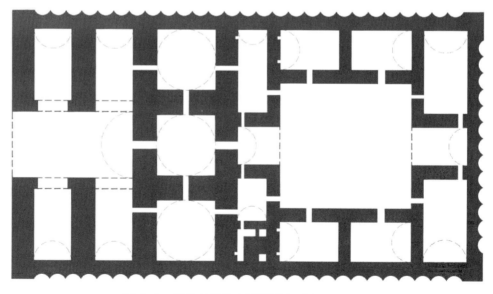

图4-1 斐鲁扎巴德宫殿平面图（谢志昂 绘）

图 4-2　斐鲁扎巴德宫殿剖面图（谢志昂　绘）

4.3.2　圣维达莱教堂（527—547 年）

圣维达莱教堂属于拜占庭建筑，建于意大利拉文纳，结构由砖、石、拱、穹顶及木屋架组成。建筑的中堂由 8 个半圆拱券联系在一起的柱垛围合而成。柱垛间的柱子按凸出的半圆形排列，形成花瓣形中堂。中堂上部是八角形的空心砖砌穹顶，其上有架在木屋架上的八角形坡屋顶。侧廊为八角形平面，竖向为 2 层，外墙直接反映了侧廊的平面形状，整个建筑形体具有高度的向心性。圣维达莱教堂中的柱子大多采用双层柱头（图 4-3、图 4-4）。

图 4-3　圣维达莱教堂（曹思敏　绘）

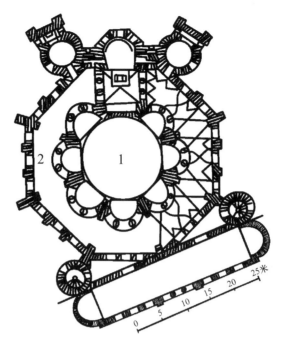

图 4-4　圣维达莱教堂平面图（曹思敏　绘）

1—中堂；2—侧廊

4.3.3　帆拱

拜占庭建筑能在方的平面上造圆的拱顶，在结构上主要得益于一种新的拱券——帆拱的使用。帆拱是对古罗马"穹拱"一种地域性的变异及重新诠释。在 4 个柱墩上沿方形平面的 4 条边长做券，在 4 个垂向拱券之间砌筑一个过 4 个切点的相切穹顶，水平切口和 4 个发券之间所余下的 4 个角上的球面三角形部分，即称为帆拱（图 4-5）。

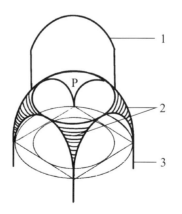

图 4-5　帆拱示意图（曹思敏　绘）

1—穹顶；2—帆拱；3—独立支柱

帆拱的创造和应用，使拜占庭人可以把整个拱顶的质量通过帆拱集中于其 4 角底部的 4 根立柱上，故不再需要过渡的承重墙，从而使内部空间获得了很大的自由。这种结构形式同样也可以应用于各种多边形集中式平面（图 4-6）。

图 4-6　帆拱内部（曹思敏 绘）

4.3.4　阿波斯多尔教堂（536—565 年）

阿波斯多尔教堂的平面形制是希腊十字式的，中央的穹顶和它四面的筒形拱成等臂的十字。希腊十字式内部空间的中心在穹顶之下，东面有 3 间华丽的圣堂，要求成为建筑艺术的焦点。阿波斯多尔教堂属于其中一种结构做法，即在中央穹顶四面用 4 个小穹顶代替筒形拱来平衡中央穹顶的侧推力，教堂的纪念性形制同宗教仪式的神秘性不完全契合（图 4-7）。

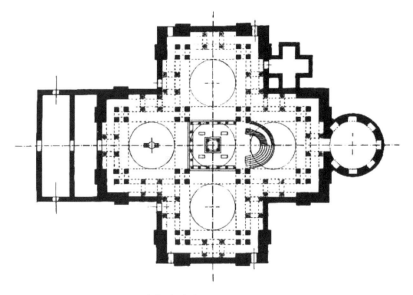

图 4-7 阿波斯多尔教堂平面图（曹思敏 绘）

4.3.5 圣索菲亚大教堂（532—537 年）

圣索菲亚大教堂是拜占庭帝国的主教堂，位于伊斯坦布尔，有近 1500 年的历史，因巨大的圆顶而闻名于世，乃拜占庭建筑最光辉的代表、东正教的中心教堂、拜占庭帝国极盛时代的纪念碑。它是 532 年拜占庭皇帝查士丁尼一世下令建造的，由物理学家伊西多尔及数学家安提莫斯设计,537 年完工。1453 年以后被土耳其人占领，改建成为清真寺（图 4-8）。

图 4-8 圣索菲亚大教堂外观图（曹思敏 绘）

圣索菲亚大教堂是集中式的,东西长 77.0 米,南北长 71.0 米。布局属于以穹隆覆盖的巴西利卡式。中央穹隆凸出,四面体量相似但有侧重,前面有一个大院子,正南入口有 2 道门庭,末端有半圆神龛。中央大穹隆,直径 32.6 米,穹顶离地 54.8 米,通过帆拱支承在 4 个大柱墩上。其横推力由东西 2 个半穹顶及南北各 2 个大柱墩来平衡。穹隆底部密排着一圈 40 个窗洞,教堂内部空间饰有金底的彩色玻璃镶嵌画。装饰地板、墙壁、廊柱是五颜六色的大理石,柱头、拱门、飞檐等处以雕花装饰(图 4-9)。

图 4-9 圣索菲亚大教堂内部(曹思敏 绘)

4.3.6 俄罗斯诺夫哥罗德圣索菲亚大教堂(11 世纪)

诺夫哥罗德圣索菲亚大教堂于 1045 年至 1050 年建造,是俄罗斯保存最好的 11 世纪教堂,也是俄罗斯境内现存最古老的建筑,由雅罗斯拉夫王子下令兴建。教堂位于诺夫哥罗德的克里姆林围墙内,格局和设计为拜占庭风格,这里曾经是早期俄罗斯的宗教中心(图 4-10)。

教堂平面呈矩形集中式形制,穹顶落于下方独立柱上。外形简洁质朴,共有 6 个穹顶,中央一个为金色,四周五个为银色,中央高四周低,主体地位突出。外墙窗户少且小,整体犹如一座坚固的城堡,气势威严。教堂入口为层层叠进的透视门,弧形竖条形窗,连续跳跃的弧形檐口,饱满圆润的屋顶,结合素雅的白色墙体,渲染出一份亲切、活泼与恬静,打破了此前教堂设计过于紧凑和严谨的形式带来的刻板与冷漠。

尤其顶部洋葱头穹顶是东正教堂经典的样式，成为拜占庭建筑风格的地域化演变的典范，开创了俄罗斯建筑新风格（图4-11）。

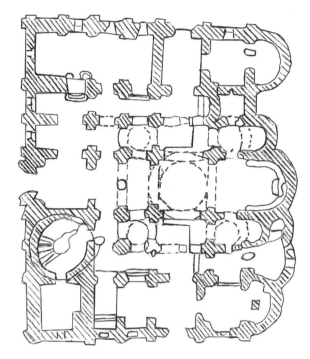

图 4-10　诺夫哥罗德圣索菲亚大教堂平面图（陈海霞 绘）

图 4-11　诺夫哥罗德圣索菲亚大教堂透视图（陈海霞 绘）

5 西欧中世纪建筑

5.1 西欧中世纪建筑产生背景（476—1453 年）

中世纪指从 5 世纪后期到 15 世纪中期，是欧洲历史三大传统划分（古典时代、中世纪、近现代）的一个中间时期。始于 476 年西罗马帝国的灭亡，终于 1453 年东罗马帝国的灭亡，最终融入文艺复兴运动和大航海时代（地理大发现）中。中世纪历史自身也分为前、中、后期三个阶段。术语"黑暗时代"和"黑暗时期"一般指中世纪早期。

"中世纪"一词是 15 世纪后期的意大利人文主义者比昂多开始使用的。这个时期的欧洲没有一个强有力的政权来统治。封建割据带来频繁的战争，天主教会对人思想的禁锢，造成科技和生产力发展停滞，人民生活在毫无希望的痛苦中，所以中世纪或者中世纪早期在欧美普遍被称作"黑暗时代"，传统上认为这是欧洲文明史上发展比较缓慢的时期，同时也是社会与思想转型的时期。

中世纪时的经济主要是封建制的庄园式自然经济。在欧洲的封建社会里，国王、贵族和骑士等大大小小的封建主构成金字塔般的等级制度，但是他们的权力和义务都是有限的，"我的附庸的附庸不是我的附庸"，这种复杂的等级关系使欧洲封建国家长期处在割据状态，和东方中国"普天之下，莫非王土；率土之滨，莫非王臣"的中央集权的封建君主专制大不一样。

在欧洲的封建社会里，教会是封建势力的最高权威，因此基督教建筑在这一时期的建筑中具有突出的意义。基督教大约产生在 1 世纪初，它的发源地是以色列的耶路撒冷，以后由东向西逐渐传播到叙利亚、小亚细亚和北非，而后到罗马。4 世纪初流行于罗马帝国广大地区。先前基督教在罗马帝国时期作为异教而受到排斥，在君士坦丁大帝颁布"米兰敕令"（313 年）、承认基督教合法后，教堂建筑才发展起来。

早在罗马帝国的末期，西欧的经济已经十分衰落。5世纪，大举涌来的日耳曼各部族踏遍了西欧各地，在频繁的战乱和社会动荡中逐渐形成了封建制度。教会利用人民的苦难，宣传禁欲主义，灌输愚昧和迷信思想。

因此，5—10世纪，欧洲的建筑极不发达，在小小的、闭关自守的封建领地里，罗马那种大型的公共建筑物和宗教建筑物都是不需要的，相应的结构技术和艺术经验也都失传了。修道院是当时唯一质量比较好的建筑物，但也很粗糙。

10世纪后，以手工业工匠和商人为主体的市民们开展了对封建领主的斗争，争取城市的独立解放。同时，也开展了市民文化对天主教神学教条的斗争。

建筑也进入了新阶段，城市的自由工匠们掌握了比古罗马的奴隶们娴熟得多的手工技艺。建筑中人力、物力的经济性远比古罗马的高。除了教堂，各种公共建筑物也逐渐多了起来，城市市民为城市的独立或自治同封建主的斗争，以及市民文化同宗教神学的斗争，也在建筑中鲜明地表现出来。

11世纪末开始的长达200年的十字军东征战争，把拜占庭和阿拉伯的文化带回到西欧，对西欧的建筑产生了更大的影响。

建筑史上把4—9世纪基督教建筑流行的风格称为早期基督教建筑风格，9—12世纪的建筑风格称为罗马风建筑风格（亦称罗曼风格），12—15世纪的建筑风格称为哥特式建筑风格。

5.2 早期基督教建筑特点

早期基督教建筑是4—9世纪欧洲奴隶社会崩溃与封建社会形成时期的建筑，主要建造基督教堂与修道院，最初出现在西罗马帝国，以后逐步扩展到整个欧洲。建筑布局主要有三种：平面呈矩形、中间部分高而宽、两旁低而窄的巴西利卡式，拉丁十字式，以及由穹隆居中的集中式。它们是以后西欧各地教堂建筑的蓝本。建筑规模不大，形式带有古罗马建筑特征，外观简朴，内部常采用锦砖镶嵌，比较华丽。

早期基督教徒以罗马建筑作为礼拜仪式之用，没有固定的教堂形制，其中大部分是将罗马的巴西利卡改为教堂。教堂平面有圆形和多边形的。巴西利卡是长方形的大厅，纵向柱列将其分成几个长条空间，中间较宽，是中厅。两侧的较窄，是侧廊。中厅高于侧廊，在两侧开高窗，大厅两端为半圆形厅。改为教堂时，一端仍保留半圆厅，作为圣坛，前面设祭台；另一端则为入口，一般朝西。这种早期的巴西利卡式教堂基本上确定了中世纪教堂的正统形制。

随着基督教的传播及社会地位的确定，教会规定：圣坛必须在东端，大门朝西。

圣坛为半圆形穹顶所覆盖，圣坛前设祭坛，祭坛前又增建一横翼，比较短；与巴西利卡一起形成长十字形平面，称为拉丁十字，象征基督受难。一般在巴西利卡前还有一个 3 面有围廊的前庭，中央设洗礼池。独立的钟楼位于教堂一侧，形成完整的群体。这种巴西利卡式教堂是西欧中世天主教堂的原型，典型实例是罗马圣彼得教堂。

早期基督教堂多用木屋架、石柱等构件，甚至是从古罗马建筑上拆下来的，柱子较细长。室外装修也比较简单，外墙仅刷灰浆或做砖贴面，不加装饰。内部最普遍的装饰方法是彩色大理石镶嵌。装饰的重点部位是圣坛的半穹顶。基督或圣徒像衬以金色背景，十分醒目。中厅柱列的透视效果把视线引向圣坛，使内部空间在感觉上比实际深远，成为巴西利卡式教堂的突出特点。

5.3 罗马风建筑特点

罗马风建筑是 10—12 世纪欧洲基督教流行地区的一种建筑风格。罗马风建筑原意为罗马建筑风格的建筑，又译作罗马式建筑、罗曼建筑、似罗马建筑等。罗马风建筑多见于修道院和教堂，形态雄浑庄重，对后来的哥特式建筑影响很大。

11—12 世纪，罗马风教堂常模仿古罗马凯旋门、城堡及城墙等建筑式样，采用古罗马建筑的拱券结构，但罗马风建筑并不是古罗马建筑的完全再现，除了使用许多来自古罗马废墟建筑材料，它们只是广泛采用了古罗马的半圆形拱券结构，一般是在门窗和拱廊上采用半圆形拱顶，并以筒拱和交叉拱顶作为内部的支撑。而这些拱顶强有力的外延感往往又被厚实的窗间壁和墙所抑制，厚实的石墙是当时严重的封建割据和频繁的内外战争的时代特点在建筑上的反映。

11 世纪晚期，罗马风建筑在法国达到了盛期，出现最具有地方特色和创新观念的建筑风格，如法国南部图卢兹的圣赛南教堂，是一座朝圣路上给教徒提供食宿的"朝圣教堂"。它建在通往西班牙圣地亚哥的路线上，规模稍小，保存完好，是"朝圣路"类型的罗马风教堂的典范。圣赛南教堂只是罗马式风格的开始，真正罗马式风格的形成则以英国达勒姆教堂为标志。在意大利，罗马风建筑的杰出代表是托斯坎纳的比萨教堂建筑群。它包括大教堂、洗礼堂、钟塔和公墓 4 个部分，是欧洲中世纪最著名的建筑群之一。

早期罗马风建筑承袭初期基督教建筑，并采用古罗马建筑的一些传统做法，如半圆拱、十字拱等，有时也搬用古典的简化柱式与装饰细部。在长期的形式演变过程中，逐渐用拱顶取代了初期基督教堂的木结构屋顶，对罗马的拱券技术不断进行试验和发展，并用骨架券代替厚拱顶，形成了罗马风结构特点的四分肋骨拱和六分肋骨拱。

教堂平面布置仍为有长短轴的拉丁十字平面。长轴为东西向，由较高的中厅和两边侧廊组成，西端为主要入口，东端为圣坛，短轴为横厅。由于圣像膜拜之风日盛，而在东端逐渐增设了若干小祈祷室，平面形式渐趋复杂。在教堂的一侧常附有修道院。

罗马风建筑的外观常常比较沉重，朝西的正立面常有 1~2 个钟楼，有时十字中心上也有塔楼。墙面利用连续券及一层层的同心圆线脚组成的券洞门以减少沉重感，这种层层退进的券门常被称为透视门。

罗马风教堂为了适应宗教与社会的需要，中厅越升越高，平面日益复杂，寻找减小和平衡高耸的中厅上拱脚的侧推力的方法和使拱顶适应于不同尺寸和形式的平面的方法，推动了建筑的发展，最终创造出了崭新的哥特式建筑风格。

5.4 哥特式建筑特点

哥特式建筑是一种兴盛于中世纪高峰与末期的建筑风格。它由罗马风（罗曼式）建筑发展而来，为文艺复兴建筑所继承。它发源于 12 世纪的法国，持续至 16 世纪。哥特式建筑在当代普遍被称作"法国式"。"哥特式"一词于文艺复兴后期出现，带有贬意。哥特式建筑以其高超的技术和艺术成就，在建筑史上占有重要地位。

哥特式建筑最明显的特征就是高耸入云的尖顶、绚丽美妙的花窗，窗户上绘有圣经故事的巨大斑斓玻璃画、尖形拱门、肋状拱顶与飞拱。在设计中利用尖肋拱顶、飞扶壁、修长的束柱，营造出轻盈修长的升腾感。新的框架结构以增加支撑顶部的力量，予以整个建筑直升线条、雄伟的外观和教堂内宽阔空间，常结合镶着彩色玻璃的长窗，使教堂内产生一种浓厚的宗教气氛。

尖肋拱顶：从罗马风建筑的圆筒拱顶普遍改为尖肋拱顶，推力作用于 4 个拱底石上，这样拱顶的高度和跨度不再受限制，可以建得又大又高，并且尖肋拱顶也具有"向上"的视觉暗示。

飞扶壁：飞扶壁也称扶拱垛，是一种用来分担主墙压力的辅助设施，在罗马风建筑中即已得到大量运用。但哥特式建筑把原本实心的、被屋顶遮盖起来的扶壁都露在外面，称为飞扶壁。由于对教堂的高度有了进一步的要求，扶壁的作用和外观也被大大增强了。有的在扶拱垛上又加装了尖塔以改善平衡。扶拱垛上往往有繁复的装饰雕刻，轻盈美观，高耸峭拔。

花窗玻璃：哥特式建筑逐渐取消了台廊、楼廊，增加侧廊窗户的面积，直至整个教堂采用大面积通窗。这些窗户既高且大，几乎承担了墙体的功能。同时应用了从阿拉伯国家学得的彩色玻璃工艺，拼组成一幅幅五颜六色的宗教故事，起到向不识字的民众宣传教义的作用，具有很高的艺术成就。花窗玻璃以红、蓝二色为主，蓝色象征天国，红色象征基督的鲜血。窗棂的构造工艺十分精巧繁复。细长的窗户被称为"柳叶窗",圆形的则被称为"玫瑰窗"。花窗玻璃造就了教堂内部神秘灿烂的景象,从而改变了罗马风建筑因采光不足而沉闷压抑的感觉,并表达了人们向往天国的内心理想。

束柱:柱子不再是简单的圆形,多根柱子合在一起,强调了垂直的线条,更加衬托了空间的高耸峻峭。哥特式教堂的内部空间高旷、单纯、统一。装饰细部如华盖、壁龛等也都用尖券做主题,建筑风格与结构手法形成一个有机的整体。整个建筑看上去线条简洁、外观宏伟,而内部又十分开阔明亮。

5.4.1 法国哥特式建筑

法国是哥特建筑的发源地。这种风格的建筑在 12 世纪初开始出现于法国的北部,几十年之内风靡全欧,法国的工匠被各国争相聘用,因而使欧洲的宗教建筑风格逐渐接近。

哥特教堂的确是这一时期辉煌的纪念碑,是建筑史上大放异彩的奇葩。哥特式教堂明确而单纯的结构体系与神秘的空间处理的矛盾,大玻璃窗上画的新约故事内容和它的华丽装饰性的矛盾,力求轻快活泼而又充满宗教幻想的矛盾等,都是自由的工匠和教会矛盾的具体表现。

法国的主教堂都趋向于外在形式统一。它们结构紧凑,有的有着凸出的翼部和小礼拜堂,有的则没有。西立面高度一致地在玫瑰花窗下拥有 3 个入口,并总是有 2 座塔,或者在翼部也增设塔。教堂东面是带有回廊的多边形,有的会有一些放射状分布的小礼拜堂。在法国南部,许多教堂没有翼部,有的甚至没有侧廊。

法国比较著名的哥特式教堂有巴黎圣母院、夏特尔教堂、兰斯主教堂、鲁昂教堂等。这一时期的教堂由于规模较大,有的建造时间延续达几百年,在造型上也表现了各时期的特点。

5.4.2 英国哥特式建筑

英国哥特式建筑出现得比法国稍晚,流行于 12—16 世纪,主要是威廉一世回到英国即位后,引入了很多法国习惯,也带来了哥特式建筑。英国教堂不像法国教堂那样屹立于拥挤的城市中心,力求高大,控制城市,而是往往位于开阔的乡村环境中,作为复杂的修道院建筑群的一部分,比较低矮,与修道院一起沿水平方向伸展。它们不像法国教堂那样重视结构技术,但装饰更自由多样。英国教堂的工期一般都很长,其间不断改建、加建,很难找到整体风格统一的。

英国哥特式教堂在结构上比较突出的成就是把拱顶处理得极为富丽,在肋料之间再加上小肋料,构成精美的图案。同时由于肋料增多,拱顶的形式也随之改变,出现了四圆心拱、扇形拱等。

英国哥特时期的世俗建筑成就很高。在哥特式建筑流行的早期,封建主的城堡有很强的防卫性，城墙很厚，有许多塔楼和碉堡，墙内还有高高的核堡。15 世纪以后，王权进一步巩固，城堡的外墙开了窗户，并更多地考虑居住的舒适性。英国居民的半木构式住宅以木柱和木横档作为构架，加有装饰图案，深色的木梁柱与白墙相间，外观活泼。

哥特式建筑在英国出现了多种筋梁结构的穹顶，例如伞形、扇形、葱形等。英国哥特式建筑的特色在于其极端的长度，并且其内部对水平方向的强调看起来甚至多过垂直方向。同法国、德国以及意大利的哥特式教堂相比，每一座英国的主教堂（索尔兹伯里主教堂除外）都有非常多样化的形式。建筑的每一部分都在不同时期修建并且有不同的风格，并未尝试在形式上的统一，这一点是很普遍的。英国的哥特式主教堂袖厅比较长，有些有两个袖厅，如同四肢摊开。正面门的意义并不像在法国那样重要，公理会的入口通常位于一侧。玫瑰花窗不会在正面的大窗户上体现，而是出现在袖廊的山墙。在教堂的十字交叉部几乎总有一座塔，有可能很大并带有塔尖。在英国，教堂东面往往是方的，但有的也会呈现不同的形式。

代表性的建筑有索尔兹伯里主教堂、格洛斯特教堂、坎特伯雷教堂、威斯敏斯特教堂、剑桥国王礼拜堂等。

5.4.3　德国哥特式建筑

在德国、波兰、捷克和奥地利等有罗马风建筑传统的国家，其特点也影响了这些地方的哥特式建筑，尤其体现在庞大的尺寸和巨大的尖塔上。这些哥特式教堂的东西两面均普遍采用法国样式，但塔异常高大，并且往往带有地域特色的网孔塔尖。由于塔的尺寸特别，建筑的正面显得狭窄而拥挤。像法国一样，德国的主教堂没有特别突出的翼部，但德国哥特式主教堂的内部空间宽敞开放，即使是在有大量法国式教堂的科隆也是如此。

德国教堂很早就形成自己的形制和特点，它的中厅和侧厅高度相同，既无高侧窗，也无飞扶壁，完全靠侧厅外墙瘦高的窗户采光。拱顶上面再加一层整体的陡坡屋面，内部是一个多柱大厅。马尔堡的圣伊丽莎白教堂西边有两座高塔，外观比较素雅，是这种教堂的代表。

15 世纪以后，德国的石作技巧达到了高峰。石雕窗棂刀法纯熟，精致华美。有时两层图案不同的石刻窗花重叠在一起，玲珑剔透。建筑内部的装饰小品也美轮美奂。

德国哥特式建筑时期的世俗建筑多用砖石建造。双坡屋顶很陡，内有阁楼，甚至是多层阁楼，屋面和山墙上开着一层层窗户，墙上常挑出轻巧的木窗、阳台或壁龛，外观富有特色。

德国代表性的哥特式建筑有科隆主教堂、乌尔姆主教堂、美因兹主教堂等。

5.4.4　意大利哥特式建筑

意大利由古罗马发展而来，有根深蒂固的古典传统，起源于法国的哥特风格于

12世纪最晚传入意大利，主要影响于北部地区，而且经过了极大的改造。意大利没有真正接受哥特式建筑的结构体系和造型原则，只接受了哥特式建筑的高直形象和华丽的装饰手法，没能充分吸收哥特式建筑的先进结构技术，仅将它作为一种装饰风格，因此这里极难找到"纯粹"的哥特式教堂。

意大利教堂并不强调高度和垂直感，正面也没有高钟塔，而是采用屏幕式的山墙构图。屋顶较平缓，窗户不大，往往尖券和半圆券并用，飞扶壁极为少见，雕刻和装饰则有明显的罗马古典风格。在意大利的教堂建筑中，米兰主教堂最接近法国哥特式教堂的风格。在这一时期的意大利，除了教堂之外，城市中的世俗建筑比较丰富，建造了市政厅、宫殿、府邸、钟塔和广场敞廊等。这一类建筑物中较著名的有佛罗伦萨城的市政厅、兰兹敞廊、威尼斯总督府等。

5.5 西欧中世纪的建筑代表性实例

5.5.1 十字式教堂（425—450年）

加拉·普拉西第亚教堂是欧洲现存最早的十字式教堂，加拉·普拉西第亚是西罗马皇帝霍劳露斯之妹。内部前后进深约12米，左右宽度约10米。平面十字交叉处上有穹隆，外盖四坡瓦顶，四翼的筒形拱顶外盖两坡瓦顶（图5-1）。

图5-1 加拉·普拉西第亚教堂（曹思敏 绘）

5.5.2 拉丁十字式教堂（8—9世纪）

天主教会认为拉丁十字式是最正统的教堂形制。拉丁十字式教堂是古罗马晚期基督教公开以后，依照传统的巴西利卡的样子建造的教堂。随着宗教仪式日趋复杂，圣品的日益增加，就在祭坛前增建一道横向的空间，较大的教堂也分中厅和侧廊，形成了一个十字形的平面，竖轴比横轴长得多，称为拉丁十字式（图5-2）。

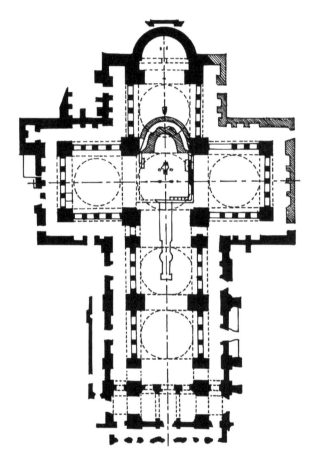

图 5-2　圣约翰教堂平面图（周辰悦 绘）

5.5.3 集中式教堂（8—9世纪）

圣科斯坦沙教堂原为君士坦丁的女儿康斯坦蒂娅陵墓，1254年被改为基督教堂。它为集中式布局，平面为圆形，中央圆形直径约12.2米，由12对双柱支撑顶部穹顶，周围是一圈筒形拱顶回廊（图5-3、图5-4）。

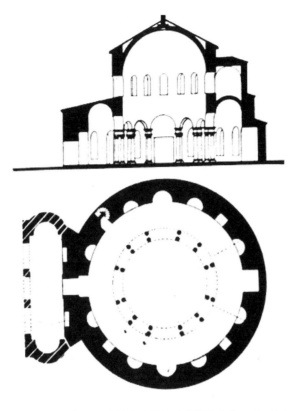

图 5-3　圣科斯坦沙教堂平面、剖面图（曹思敏　绘）

图 5-4　圣科斯坦沙教堂（曹思敏　绘）

5.5.4　圣彼得老教堂（333年）

圣彼得老教堂入口面东，前有内院，内部进深60余米，四行柱子把空间分为五个部分，中厅高而宽，两侧侧廊低而窄，末端有一半圆形神坛（图5-5）。

圣彼得老教堂已带有拉丁十字形平面形制，同时在东面入口部分增加了一个前庭，在中央设洗礼池（图5-6）。这一时期建筑物的材料是互相拼凑的，内部柱子往往各不相同，地面做碎锦石铺地，但屋顶已不用拱顶而大多是木屋架的露明构造，墙面上也喜欢用大理石镶嵌，装饰的重点是在圣坛的穹顶下，将基督或圣徒像衬以金色背景，十分醒目。初期基督教堂的形制对后期有很大影响，是中世纪基督教堂的原型（图5-7）。

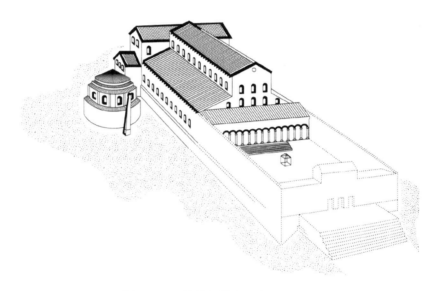

图5-5　圣彼得老教堂（曹思敏　绘）

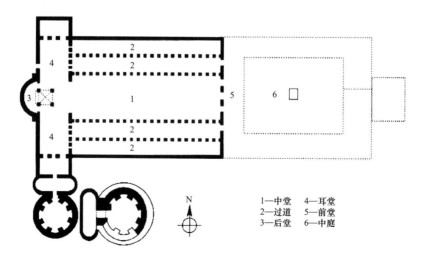

1—中堂　　4—耳堂
2—过道　　5—前堂
3—后堂　　6—中庭

图5-6　圣彼得老教堂平面图（曹思敏　绘）

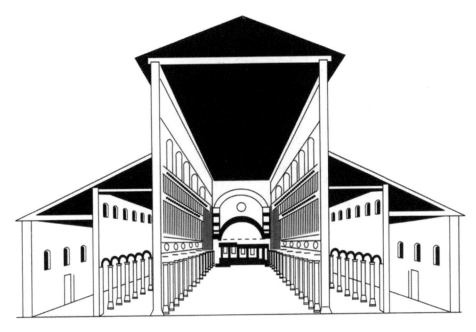

图 5-7　彼得老教堂剖面图（曹思敏 绘）

5.5.5　瑞士圣加伦修道院（7 世纪）

圣加伦修道院位于瑞士东部的圣迦尔市。7 世纪，爱尔兰传教士加勒斯在圣迦尔市修建了一座修道院，这座城市由此而兴，在中世纪的欧洲它如同明亮的月亮照耀在欧洲的上空。作为欧洲的文化中心，这里曾是各国学者和艺术家心中的圣地。圣加伦修道院建于 7 世纪，是欧洲最大的"圣本笃"修道院之一。

圣加伦修道院是卡洛林王朝时期修道院建筑风格的典型代表，修道院中有教堂、图书馆和其他建筑物，以教堂为中心，其他建筑按马蹄形排列成封闭形，建筑风格多种多样。修道院内收藏有许多珍贵的物品，其中包括绘于羊皮纸上的最早的建筑规划图。

圣加伦修道院包含了建筑史上重要阶段的大多数建筑形式，如柱头装饰是中世纪早期的卡洛林式，有哥特式古修道院的建筑布局，有巴洛克风格教堂和图书馆，但修道院仍给人一种整体和谐的感觉。

教堂东侧的地下祭室是修道院仅存的 9 世纪建筑，其余的建筑均建于 18 世纪。圣加伦修道院呈马蹄形排列，正门在 2 座塔楼的烘托下尤显雄伟（图 5-8）。2 座塔楼各高68 米。其北部与西部处于中世纪晚期修建的城市建筑的环抱之中。

图 5-8　瑞士圣加伦修道院透视图（喻玥　绘）

5.5.6　卡昂圣埃提安教堂（1068—1115 年）

卡昂圣埃提安教堂是法兰西西北部罗马式教堂之一，该地区因过去受古罗马影响较少，较早形成了自己的建筑风格。西立面入口处（罗马式时代起，教堂入口改为面西），两旁有一对高耸的钟楼；正面的墩柱使立面有明显的垂直线条；室内的中厅很高，上面采用了半圆形的肋骨六分拱。在圣坛的外面，建筑还出现了初步的飞扶壁，这些特点也成为后来的哥特式建筑的先声（图 5-9）。

图 5-9　卡昂圣埃提安教堂（曹思敏 绘）

5.5.7　圣赛南教堂（1080—1120 年）

　　圣塞南教堂位于法国比利牛斯大区图卢兹，是一幢杰出的罗马风艺术代表作，同时也是欧洲最大的拉丁十字式教堂，是法国保存圣物最多的教堂之一。它是在一座早期的巴西利卡式教堂的基础上兴建的（图 5-10）。

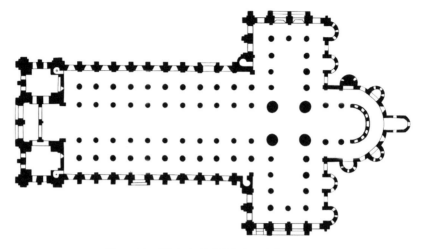

图 5-10　圣赛南教堂平面图（喻玥　绘）

建筑的大殿长约 115 米、宽 64 米、高 21 米，顶部采用加强筋构成结构独特的圆顶，映衬着尖塔下精致的祭坛，越发衬托出这座宏伟而古老的建筑的庄严、肃穆与美丽（图5-11）。这座方砖和石头建成的教堂是众多信徒朝圣的地方，其构造体现了平衡与和谐的奇迹（图5-12）。教堂正门上方的 2 个隐窝和鼓室以及 800 个柱头雕饰描绘了基督教救世主耶稣基督升天的场景，最有特色的是它那 5 层高达 64 米的钟楼直耸云霄（图5-13）。

图 5-11　圣赛南教堂俯视图（王俊程　绘）

图 5-12　圣赛南教堂透视图（一）（王俊程 绘）

图 5-13　圣赛南教堂透视图（二）（曹思敏 绘）

5.5.8　达勒姆大教堂（1093—1130 年）

达勒姆大教堂位于英格兰东北部的达勒姆郡首府达勒姆市。达勒姆位于英格兰东北部，北距纽卡斯尔不到 30 千米。这一带山丘广布，威尔河在山丘之间冲出一道 U 形急转弯，留下一个三面环河的小半岛（图 5-14）。

图 5-14　达勒姆大教堂远眺图（曹思敏 绘）

达勒姆大教堂有 900 多年的历史，内部供奉有诺森布里亚的福音传道者圣卡斯伯特和圣比德的遗物。达勒姆大教堂是英国最典型的罗马风教堂，具有窗高壁厚、柱粗拱圆的特点。西面屹立着 2 座对称的四方高塔，中间又耸起一座，造型既雄浑又壮观。教堂北大门上装饰着一个鬼脸，口中含着被磨拭得很光亮的铜环，这是 12 世纪的物品。中世纪时，基督教徒们历经艰辛，来到门前，为的是握住这道门环，以求神的赦免（图 5-15）。

达勒姆大教堂是西方世界至今存留最早的拥有宽大石头拱顶的教堂，教堂规模宏大，中厅长 60 米、宽 12 米、高 22 米。它的革新在于使用石头肋拱来支撑结构，其余的拱顶部分则用石头填实空隙。除此之外，达勒姆大教堂的拱顶还采用了哥特式的尖形穹隆，而不是罗马式的圆形拱门。尖拱的优势也体现在结构上，质量负荷不再集中于拱门顶部，而是通过拱门侧柱传递到地面。这意味着尖拱更适于用来承重。尖拱的另一个优势在于，在柱距相同的情况下，使教堂看起来更加高耸，突出建筑的纪念性。此外，尖拱的结构性优势使大玻璃的使用变得可能，教堂也因此变得更加明亮，通风更好（图 5-16）。

这是建筑师们首次采用在英格兰属于独创的十字横肋穹顶技术，以此克服了罗马风建筑中笨拙的筒形穹顶，开辟了通向更精细、更纤巧的哥特式艺术之路。原先承受穹顶的重力和推力的坚固的墙，现在被十字横肋和支柱替代。这种新的构造形式，塑造了更高大、更空灵的外墙。达勒姆大教堂的尝试标志着一种崭新艺术形式发展阶段的肇始，这个发展阶段在伟大的哥特式大教堂里达到了顶峰。

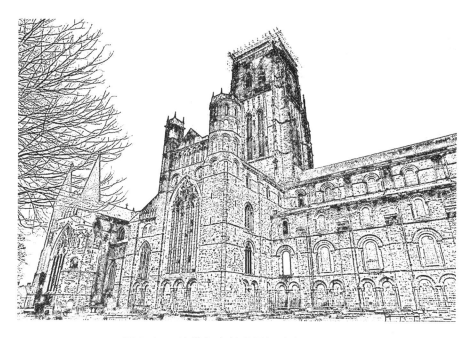

图 5-15　达勒姆大教堂局部（曹思敏 绘）

图 5-16　达勒姆大教堂内部（曹思敏 绘）

5.5.9 比萨大教堂（11—13世纪）

比萨大教堂建筑群摆脱了主教堂位于城市中心的常例，而造在城市的西北角，紧靠城墙和墙根的公墓墓堂，大致连成一线，以完整的侧面朝向城市。3座建筑物的形体各异，对比很强，造成丰富的变化。但它们构图母题一致，都用空券廊装饰，风格统一，形成和谐的整体。空券廊造成的强烈的光影和虚实对比，使建筑物显得轻快爽朗。3座建筑物都由白色和暗红色大理石相间砌成。它们既不追求神秘的宗教气氛，也不追求威严的震慑力量，代之以端庄、和谐、宁静（图5-17）。

图5-17 比萨大教堂建筑群（任翼宇 绘）

比萨大教堂（1063—1350年）位于意大利比萨，是意大利罗马风建筑的典型代表。大教堂由雕塑家布斯凯托·皮萨谨主持设计。教堂平面为拉丁十字形，长95米，纵向4排68根科林斯式圆柱。纵深的中堂与宽阔的耳堂相交处为一椭圆形拱顶所覆盖，中堂用轻巧的列柱支撑木架结构屋顶。比萨大教堂是中世纪建筑艺术的杰出代表，对11—14世纪的意大利建筑产生了深远的影响（图5-18）。

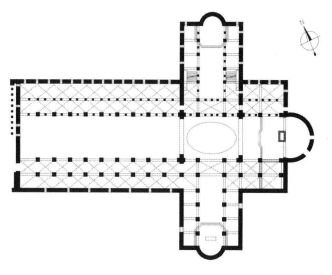

图 5-18　比萨大教堂平面图（任翼宇 绘）

　　洗礼堂（1153—1278 年）采用罗马式和哥特式混合风格，位于比萨大教堂前面大约 60 米处，平面为圆形，直径 35.4 米。大穹顶上覆盖一个木构架造成的小穹隆，总高 54 米。立面分 3 层，上两层围着空券廊。后来经过改造，在檐壁、窗套处添加了一些哥特式的细部（图 5-19）。

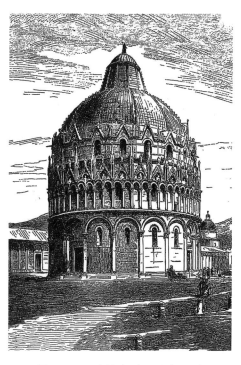

图 5-19　洗礼堂（任翼宇 绘）

钟塔（比萨斜塔）（1174 年）在大教堂圣坛东南 20 多米，圆形，直径大约 16 米，高 55 米，分为 8 层，底层只在墙上作浮雕式的连续券，2~7 层墙均往内收缩形成一圈券廊，楼梯藏在厚厚的墙砌体里。钟塔在建造时便有倾斜，工匠们曾企图用砌体本身校正，但没有成功（图 5-20）。

图 5-20　比萨斜塔（曹思敏 绘）

5.5.10　法国圣德尼教堂（1137—1144 年）

法国圣德尼教堂是哥特式艺术的开始，是第一座哥特式建筑，这表明了一种新的建筑风格，这种风格从本质上区别于罗马式建筑。圣德尼教堂于 1137 年至 1144 年间重建。重建圣德尼教堂的行动，既有宗教目的，也有政治目的，具体来说，就是弘扬教会与王室的双重权威，并借此赋予法国王室以宗教上的重要性。圣德尼教堂是献给法兰西斯的庇护圣徒圣丹尼斯的教堂，收藏有该圣徒的遗物，同时，它又享有加洛林王朝（751—987 年）王室修道院的地位。

首先，罗马式教堂建有沉重的拱顶，其稳定性取决于足够厚实的墙壁，以支撑各种各样的压力和应力。圣德尼教堂则开始采用尖券和肋拱来减轻拱顶的质量，它们比半圆形的拱顶更为稳固，并能够跨越各种形状的开间，在肋拱间填以很轻的石片和纤细的墩柱便可支撑拱顶的质量。其次，罗马式教堂的窗户很小，而圣德尼教堂的窗户尺寸增大，允许空间规模地采用彩色玻璃画。最后，圣德尼教堂的平面遵循了带有呈放射状分布的礼拜的后堂回廊式形制，但这些礼拜堂不再像早先建筑那样呈孤立的单元。礼拜堂间的墙被除去，形成统一的空间效果，两排呈半圆形排列的承重圆柱对统一的空间进行分隔。昏暗的罗马式室内被宽敞、开放、充满各色光线的结构所取代。

圣德尼教堂内部的双层回廊并不使内部显得拥挤。建筑师在教堂的玻璃窗外面修建了一道扶墙，于是拱顶向外的冲力被分担，使教堂内的彩色玻璃窗可以扩大到整面墙。由于负重区域被挪到教堂外部，内部也就更轻巧、空旷，这也使得内部结构在形体上显得优雅而富有韵律。圣德尼教堂中体现了一种不同于以往的思想和精神，即强调严谨的几何形造型和对明亮光线的追求，比例的协调感是美的根源（图 5-21）。

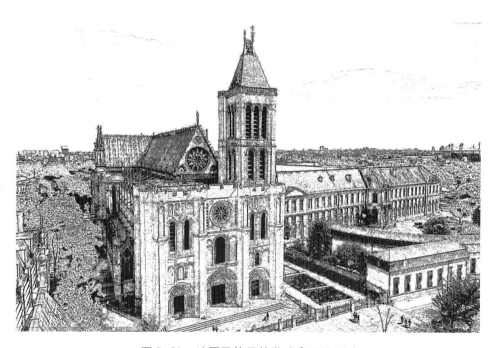

图 5-21　法国圣德尼教堂（曹思敏 绘）

5.5.11　夏特尔大教堂（1145—1264 年）

夏特尔大教堂全称夏特尔圣母大教堂，是法国著名的天主教堂，坐落在法国厄尔 - 卢瓦尔省省会夏特尔市的山丘上。教堂的三重皇家大门、壮观宏伟的罗马尼斯凯像和早期的珠宝光彩的玻璃装饰的窗户，无一不是 12 世纪法国建筑史上的经典杰作。它与兰斯大教堂、亚眠大教堂和博韦大教堂并列为法国四大哥特式教堂（图 5-22）。

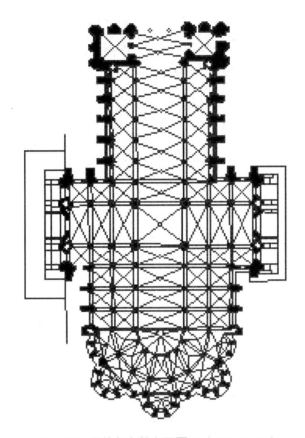

图 5-22　夏特尔大教堂平面图（于歆悦 绘）

　　夏特尔大教堂规模很大，融合了 12 世纪的罗马风格及中世纪的哥特式风格，教堂旁有 2 座高耸的塔楼，2 座钟楼及尖塔的样式各不相同。左边较精致的北尖塔为哥特式，是 1194 年大火后，于 1507 年左右重建的。右边较简单的八角形南尖塔为罗马式，建于 13 世纪初。此外，还有 6 座小塔环绕教堂四周（图 5-23）。

　　夏特尔大教堂被认为是哥特式建筑的顶峰，它的高耸的尖顶在 30 多千米以外都可以看到。它的创新之处在于它的尖拱、弯拱穹顶和拱扶垛结构体系使建筑物内部空间高大、窗体面积极大。

图 5-23　夏特尔大教堂立面图（陈海霞 绘）

5.5.12　法国克勒芒圣母教堂（1145 年）

中世纪初为了解决教堂高度的稳定性，常在中厅采用筒形拱。为了平衡中央拱顶的侧推力，一种方法是在侧廊上建造与中厅平行的筒形拱，另一种是在侧廊上造半个筒形拱。这两种方法都导致高侧窗的消失，教堂内部过于阴暗，并使侧廊空间高度增加。克勒芒圣母教堂则采用十字拱支撑高大的屋架，通过上下 2 层筒形拱形成侧廊，并在外墙用飞扶壁、飞券支撑，底部用南北各 3 个耳室和东部凸出的圣龛平衡侧推力，增强了建筑的稳定性（图 5-24、图 5-25）。

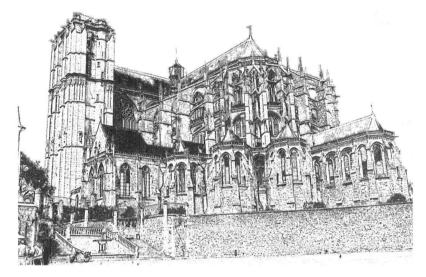

图 5-24　法国克勒芒圣母教堂（曹思敏 绘）

图 5-25　法国克勒芒圣母教堂剖面图（曹思敏 绘）

5.5.13　巴黎圣礼拜堂（1166 年）

巴黎圣礼拜堂是法国巴黎市西岱岛上的一座哥特式礼拜堂，由路易九世下令兴建，目的在于保存耶稣受难时的圣物，如受难时所戴的荆冠、受难的十字架碎片等物件，其中以荆冠最珍贵（图 5-26）。

圣礼拜堂分为上下两部分，下部由厚重的石块砌筑，形式封闭，上部则用大面积彩色玻璃窗组成，虚实对比，形式轻盈（图 5-27）。

圣礼拜堂规模小，建筑师设计时重点体现内部空间，用束柱支撑精巧的尖券形成高大的空间，柱子上用代表高贵皇室的百合花图案装饰，外墙有 15 扇高大的彩绘玻璃窗，样式精美，玻璃拼贴描绘了圣经新约和旧约的典故，一共 1134 幅（图 5-28）。

图 5-26　巴黎圣礼拜堂（曹思敏 绘）

图 5-27　巴黎圣礼拜堂局部（曹思敏 绘）

图 5-28　巴黎圣礼拜堂内部（曹思敏　绘）

5.5.14　巴黎圣母院（1166 年）

巴黎圣母院位于巴黎市中心城区，地处塞纳河中央西岱岛上，与巴黎市政厅和卢浮宫隔河相望，为哥特式基督教教堂建筑。巴黎圣母院平面为拉丁十字形制，总长约 127 米，总宽约 48 米，总高达 96 米，总建筑面积达 5500 平方米，占地面积约 6000 平方米。平面共有 5 个纵舱，包括一个中厅与两侧各 2 个的侧廊，十字长翼是圣母院长方形中厅，东端是圣坛，后为半圆形的外墙（图 5-29）。

图 5-29　巴黎圣母院（曹思敏　绘）

西立面为巴黎圣母院主立面及正门，宽 43.5 米，高 45 米，有塔楼高 69 米，内置青铜钟。底部设有 3 个入口，中为最后审判之门，左为圣母门，右为圣安娜之门，门上装饰有许多圣经人物。上部为国王画廊、圣母画廊，设有露台，露台中心为直径 9.6 米的玫瑰花窗。西立面按横三段、竖三段划分，呈长方形，上下分为 3 层，西立面水平与竖直的比例约为黄金比 1∶0.618，立柱和装饰带将立面分为 9 块小的黄金比矩形（图 5-30）。

5
西欧中世纪建筑

图 5-30 巴黎圣母院西立面（曹思敏 绘）

5.5.15 法国斯特拉斯堡大教堂（1176—1493 年）

斯特拉斯堡大教堂坐落于法国斯特拉斯堡市中心，是 11—15 世纪最重要的历史建筑之一，也是欧洲著名的哥特式教堂。建筑采用粉红色砂岩石料筑成。正面顶上一边是一座高 142 米的尖塔，另一边却只有一座平台，此处原设计为对称的尖塔，受制于财力而没建完，故成为现在的单塔形式。中殿华丽典雅，其中的彩绘玻璃窗（12—15 世纪）及天使之柱（约 1230 年），再加上精雕细啄的讲坛（1484 年），以及著名的席伯尔曼风琴等更加使人赏心悦目。而大教堂的正门门廊以耶稣事迹"最后的审判"为题的浮雕，精工镂制的圆形玫瑰窗和该堂的彩绘玻璃都是艺术珍品（图 5-31）。

图 5-31 法国斯特拉斯堡大教堂（曹思敏 绘）

5.5.16　法国卡尔卡松城堡（1130 年）

　　卡尔卡松城堡现存的建筑主体建于中世纪，位于法国南部的朗格多克—鲁西永区，在重要工业城市图卢兹到地中海沿岸的途中。它是欧洲最古老的城堡之一（图 5-32）。卡尔卡松城堡一带具有岩石地质的山脉，从远古时代起就被军事家们视为战略据点。从罗马时期起，卡尔卡松现在所在的山上就有了防御性聚落。从公元 1 世纪开始，这里就成为古罗马的要塞城市。罗马人一直占领到 460 年，接着，西哥特人夺取它并统治了两个半世纪；725 年左右，阿拉伯人攻占并统治这个地方，直到 759 年，卡尔卡松城堡才回到法兰克王国的怀抱。

　　卡尔卡松城堡位于一片葡萄种植园和灌木丛中。从外形看，这是一座典型的中世纪欧洲城堡，屋身呈圆柱形，屋顶呈圆锥形的塔楼，特别引人注目。卡尔卡松城堡最为壮观的建筑景观，莫过于城堡的内外城墙与城塔。建于 12 世纪的圣那塞尔大教堂，融合罗马及哥特风格，至今仍完好地矗立在卡尔卡松城堡内的西南边。卡尔卡松城堡是欧洲最大的城堡，它反映出大约 1000 年的建筑成就（图 5-33）。

图 5-32 卡尔卡松城堡（曹思敏 绘）

图 5-33 卡尔卡松城堡入口（曹思敏 绘）

5.5.17 韩斯主教堂（1179—1311 年）

韩斯主教堂又名兰斯大教堂，位于法国东北部，是哥特式建筑代表之一。其布局较为复杂，平面形制为拉丁十字式，教堂中舱长 138.5 米、高 38 米，外轮廓为半圆形，西端有一对高塔，横厅的两个尽端均设置出入口，且有小塔装饰（图 5-34）。

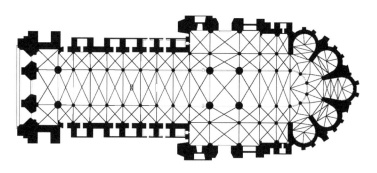

图 5-34　韩斯主教堂平面图（陈雯昕 绘）

　　韩斯主教堂西门造型重叠繁华，三段式构造的教堂正面，高高耸立着 2 座左右对称的尖塔。在飞拱柱烘托的教堂顶部，密集而细长的大小尖塔重重叠叠，浑厚繁复的石头层层递进，直上云霄（图 5-35）。

图 5-35　韩斯主教堂外观（王俊程 绘）

　　尽管其雕塑艺术的多元化令人吃惊，但整体看上去却惊人的和谐。当夕阳西下时，整座教堂便沐浴在金黄色的光辉之中，遍布教堂外墙的花纹及雕像十分美丽动人。尤其是正面中央大门右侧的 4 尊立像，更是哥特式建筑鼎盛时期的杰作（图 5-36、图 5-37）。

图 5-36 韩斯主教堂外观细部（王俊程 绘）

图 5-37 韩斯主教堂内部（王俊程 绘）

5.5.18　布尔日大教堂（1195—1258 年）

布尔日大教堂位于法国巴黎南部大约 200 千米的谢尔省布尔日市，始建于 1195 年，历时 60 多年才完工，是法国中世纪基督教的权力中心，与夏特尔大教堂同为第一批哥特式建筑（图 5-38）。

图 5-38　布尔日大教堂（曹思敏　绘）

布尔日大教堂坐落在一个花团锦簇的花园中，厅堂的四周环绕着间隔整齐的高大扶壁，格外引人注目，看起来仿佛是在腾飞跳跃。它以设计协调、比例均衡、雕刻精湛、绘画华美以及玻璃有绚丽彩色而闻名。布尔日大教堂平面为巴西利卡式，中厅 15 米宽、37 米高，两侧为拱廊，高度达 20 米。主入口位于西侧正面，其上方门楣上雕有"末日审判"主题雕塑，形象生动，是哥特式建筑的杰作。

5.5.19　法国圣朱利安大教堂（11—15 世纪）

圣朱利安大教堂即勒芒大教堂，位于勒芒城市中心，建于 11—15 世纪，高约 33 米，兼具罗马式和哥特式建筑两种风格，是当地最雄伟的宗教历史遗产之一，也是法国最大的教堂之一。中厅采用多个十字拱串联，侧廊用筒拱。为了结构的稳定，建筑外侧用飞券和扶壁支撑，气势雄伟（图 5-39）。

图 5-39　法国圣朱利安大教堂（曹思敏 绘）

5.5.20　法国博韦大教堂（1225 年）

博韦是距离巴黎 60 千米的小城，9 世纪时这里是一位伯爵的领地，后来他让权于当时的主教，兴建起博韦大教堂（图 5-40）。不过教堂在二战德军进攻巴黎过程中几近被毁，现在正在全面修复中。

博韦大教堂的穹顶最高，也是彩绘玻璃面积最大的建筑。1284 年，由于支柱的间距问题致使穹顶坍塌，教堂还未完成就已停工。该教堂中有一个法国最为古老的报时时钟（图 5-41）。

图 5-40　法国博韦大教堂（曹思敏 绘）

图 5-41　法国博韦大教堂局部（曹思敏 绘）

5.5.21　亚眠大教堂（1152—1401 年）

亚眠大教堂位于法国皮卡第地区中心，始建于 1152 年，是哥特风格建筑，1218 年遭受雷击而毁。重建工作开始于 1220 年，中央广场的修建工程于大约 1245 年完成。唱诗班的修复是于 1238 年开始的，完成于 1269 年之前，而教堂的绝大部分，包括十字形的翼部部分，直到 1288 年才得以竣工。1366 年修建了南部高 62 米的塔楼，而北部高 67 米的塔楼则是在 1401 年修筑的（图 5-42）。

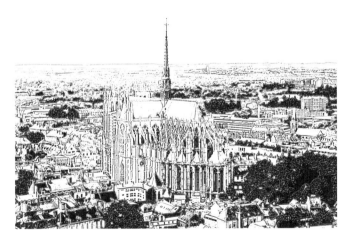

图 5-42　亚眠大教堂鸟瞰图（曹思敏 绘）

亚眠大教堂平面呈拉丁十字形，长137米、宽46米，横翼凸出甚少，东端环殿以放射形布置7个小礼拜室。中厅宽15米，拱顶高达43米，中厅的拱间平面为长方形，每间用一个交叉拱顶，与侧厅拱顶对应（图5-43、图5-44）。

图5-43　亚眠大教堂（曹思敏　绘）

图5-44　亚眠大教堂西立面（曹思敏　绘）

5.5.22 阿维尼翁教皇宫（1334 年）

阿维尼翁教皇宫坐落在法国南方小城阿维尼翁古城罗纳河畔，是一座城堡式的建筑，始建于 1334 年，占地约 1.5 万平方米。教皇宫分旧殿和新殿两部分。旧殿朴实无华，属罗马建筑风格；新殿富丽堂皇，为典型的哥特式建筑（图 5-45）。

图 5-45　阿维尼翁教皇宫远眺（曹思敏　绘）

卡佩王朝时期，法国国王腓力四世与罗马教皇卜尼法斯八世就法王向法国境内教士征税问题产生权力冲突，冲突的结果是教皇失败，卜尼法斯八世在被法王羞辱后抑郁而终。随后在腓力四世的支持下，克莱蒙五世成为新教皇。新教皇在法王暗示下将教廷从罗马迁至教皇在普罗旺斯的飞地阿维尼翁，从而开创了"阿维尼翁之囚"时代（1305—1378 年），阿维尼翁也成为该时期 9 位教皇居住的地方，教皇宫亦建于此时（图 5-46、图 5-47）。

图 5-46　阿维尼翁教皇宫（曹思敏　绘）

图 5-47　阿维尼翁教皇宫入口（曹思敏 绘）

5.5.23　法国鲁昂法院（1493—1508 年）

鲁昂是法国诺曼底大区的首府，中世纪欧洲最繁华的城市之一。鲁昂法院平面为U 形三面围合，二层大屋顶，屋顶同下层高度相同，开大老虎窗，窗套用升腾的火焰造型，柱冲出屋檐顶部设高耸的尖塔。整栋建筑用砖石建造，引用哥特教堂中的建筑形式和部件，尖券的门窗、小尖塔、华盖和彩色玻璃窗，这些元素均为哥特风格在世俗性建筑的体现（图 5-48）。

图 5-48　法国鲁昂法院（曹思敏 绘）

5.5.24　贡比涅市政厅（15 世纪下半叶）

法国贡比涅市政厅是一座经典的哥特式建筑，建于 15 世纪，是比较典型的路易十二时期建筑风格。建筑对称布局，方形窗大且占满一个开间，窗框外缘用线脚和雕塑装饰。市政厅的四角和中央有挑出的凸窗。屋顶中央有高耸的尖塔，屋顶高而陡，内有阁楼，采光的老虎窗装饰华丽。檐口和屋脊饰以精巧的镂花栏杆。市政厅前广场矗立着圣女贞德雕像（图 5-49）。

图 5-49　贡比涅市政厅（邓宇 绘）

5.5.25　英国威斯敏斯特教堂（960—1517 年）

威斯敏斯特教堂通称威斯敏斯特修道院，坐落在伦敦泰晤士河北岸，原是一座天主教本笃会隐修院，始建于 960 年，1045 年进行了扩建，1065 年建成，1220—1517 年进行了重建。作为英国中世纪建筑的主要代表，威斯敏斯特教堂的建筑风格和特点，虽然在马拉松式的建造年代中不断地推移变化，从罗马式、哥特式，一直到早期文艺复兴的式样，不过它的基本特色仍属于哥特式，所以历经 700 多年的修葺而犹能保持原貌（图 5-50）。

威斯敏斯特教堂全系石造，主要由教堂及修道院两大部分组成，由圣殿、翼廊、钟楼等组成。教堂平面呈拉丁十字形，主体部分长达 156 米。本堂两边各有侧廊一道，上面设有宽敞的廊台。本堂宽仅 11.6 米，然而上部拱顶高达 31 米，是英国哥特式拱顶高度之冠，故而本堂总体显得比例狭高，巍峨挺拔。耳堂总长 62 米，与本堂交会处的

4 个柱墩尺寸很大，用以承托上部穹顶。穹顶以西是歌唱班的席位，以东是祭坛。教堂西部的双塔（1735—1740 年）高达 68.6 米。平衡本堂拱顶水平推力的飞拱横跨侧廊和修道院围廊，形成复杂的支撑体系（图 5-51）。

图 5-50　英国威斯敏斯特教堂（曹思敏 绘）

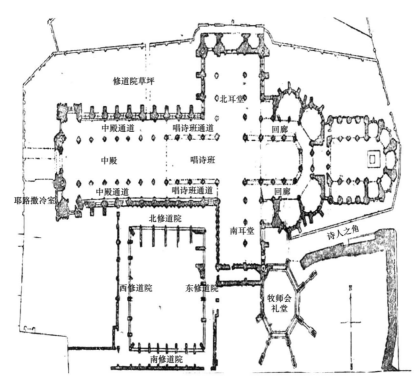

图 5-51　英国威斯敏斯特教堂平面图（曹思敏 绘）

进入教堂的拱门圆顶，走过庄严却有些灰暗的通道，眼前豁然一亮，进入豪华绚丽的内厅。教堂内宽阔高远、构造复杂的穹顶被装点得美轮美奂，由穹顶挂下来的大吊灯华丽璀璨，流光溢彩。地上铺的是华贵富丽的红毯，一直通向铺着鲜艳的红色丝绒、装饰得金碧辉煌的祭坛，这就是举行王室加冕礼和皇家婚礼的场所（图 5-52）。祭坛后是一座高达 3 层的豪华坟墓——爱德华之墓。祭坛前面有一个尖青靠椅，这是历代帝王在加冕时坐的宝座，已有 700 多年的历史，一直使用至今。宝座下面摆放着一块来自苏格兰的被称作"斯库恩"的圣石。宝座和圣石都是英国的镇国之宝。

图 5-52　英国威斯敏斯特教堂内部（曹思敏　绘）

教堂南侧是天主教本笃会的修道院，创建于 13 世纪，是一方形庭院，周围设开敞拱廊，拱廊周围另有许多附属建筑物。此外修道院庭院东南一侧，还有宝库厅和地下小教堂（图 5-53）。后者为一长方形厅堂，现为寺院博物馆，馆内陈列着国王、王后和贵族们在葬礼中放置在无盖棺材中供人凭吊的雕像。威斯敏斯特教堂的柱廊恢宏凝重，拱门镂刻优美，屏饰装潢精致，玻璃色彩绚丽，双塔嵯峨高耸，整座建筑既金碧辉煌，又静谧肃穆，被认为是英国哥特式建筑中的杰作（图 5-54、图 5-55）。

图 5-53　英国威斯敏斯特教堂西立面图（曹思敏　绘）

图 5-54　英国威斯敏斯特教堂北立面图（曹思敏　绘）

图 5-55　英国威斯敏斯特教堂北立面图（曹思敏 绘）

5.5.26　英国坎特伯雷大教堂（598—1626 年）

坎特伯雷大教堂位于英国肯特郡郡治坎特伯雷市，初建于 598 年，是英国最古老、最著名的基督教建筑之一，1067 年毁于大火。1452 年，尼古拉五世下令重建，1506 年由意大利最优秀的建筑师伯拉孟特、米开朗琪罗、德拉·波尔塔和卡洛·马泰尔相继主持设计和施工，终于在 1626 年完成了现在的模样。它是英国圣公会首席主教坎特伯雷大主教的主教座堂。

坎特伯雷大教堂规模恢弘，长约 156 米，宽约 50 米，中央塔楼高达 78 米。这座大教堂经历了不断的续建和扩建，其中中厅建于 1391—1405 年，南北耳堂建于 1414 年到 1468 年，3 座塔楼也分别建于不同时期。高大而狭长的中厅和高耸的中塔楼及西立面的南北楼表现了哥特式建筑向上升腾的气势，而东立面则表现出雄浑淳厚的罗马风格（图 5-56）。

图 5-56　英国坎特伯雷大教堂（曹思敏 绘）

5.5.27　英国约克大教堂（1220—1470 年）

英国约克大教堂始建于 627 年，当时是一座全木结构的建筑，后来在内战中被战火摧毁。1066 年，诺曼人攻占了约克，1080 年建造了第一座诺曼式的教堂，至今仍可以看到这个教堂的基石和地下室。约克大教堂于 1220 年开始兴建，并于 1470 年完工，是英国最大，同时也是整个欧洲阿尔卑斯山以北最大的哥特式教堂（图 5-57）。

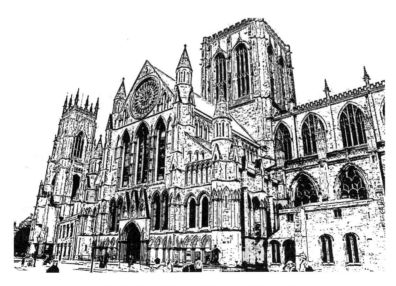

图 5-57　约克大教堂（曹思敏 绘）

教堂主要用石材建造，气势恢宏、工艺精美，历经数百年依然坚实、挺拔，教堂顶部的塔尖像一把把利剑直刺云霄，给人深邃和庄严的感觉，尤其是那些雕刻令人赞叹不已。教堂圣坛后方东面一整片的彩色玻璃，面积几乎相当于一个网球场的大小，是全世界最大的中世纪彩色玻璃窗。该彩色玻璃窗在1405至1408年间设计完成，由100多个图景组合而成，充分展现了中世纪玻璃染色、切割、组合的绝妙工艺，而以大面积玻璃支持东面墙壁，同时也展示了精湛的建筑技艺（图5-58）。

图 5-58　约克大教堂内部（曹思敏　绘）

5.5.28　英国林肯大教堂（1072—1092 年）

英国林肯大教堂建于1072年至1092年间，坐落于林肯市的一处石灰岩高地上，居高临下，俯视全城（图5-59）。它高达159.7米，是英国罗马式与哥特式风格相结合教堂的代表之作，也是英格兰最大的教堂之一，集宗教、建筑、艺术大成于一身。林肯大教堂可谓是一个多灾多难的建筑，它在1141年左右经历一场火灾，1185年经历一场地震，其中央塔又在13世纪30年代倒塌。

林肯大教堂全部由磨岩的石块砌成，由于年代久远，表面已呈黑色，更显庄严古朴。入口的罗马式拱门，中间最大，两侧稍低。中央2座高塔，其轻快的线条和造型隽秀的小尖塔，轻盈通透的尖券和修长的立柱，使得整座建筑挺拔俊朗（图5-60）。

图 5-59　林肯大教堂侧面（曹思敏　绘）

图 5-60　林肯大教堂主入口（曹思敏　绘）

教堂内的中厅穹顶金碧辉煌，令人目炫，金、石、木雕刻巧夺天工。特别是总面积超过10000平方米的窗户，全部装上了色彩绚丽的镶花玻璃，在阳光的映射下五彩缤纷，华美异常，造成一种向上升华直至天国的神秘幻觉（图5-61）。

图 5-61　林肯大教堂内部（曹思敏 绘）

5.5.29　英国温彻斯特大教堂（1079—1093 年）

温彻斯特大教堂是英格兰最大的教堂之一，位于汉普郡的温彻斯特，也是全欧洲拥有最长中殿的教堂，长约 160 米。这座教堂内供奉圣三一、圣彼得、圣保罗及圣斯威辛，而它亦是温彻斯特的主教座堂及温彻斯特主教辖区的中心（图 5-62）。

温彻斯特大教堂是英国哥特式风格建筑，平面为拉丁十字式，分为中厅和侧廊，立面两层为"山"字形划分，中间高两侧低，入口由 3 个尖券透视门组成，立柱倒角顶部设尖塔，形态简洁优美、比例和谐、浑厚质朴（图 5-63）。

图 5-62 英国温彻斯特大教堂（曹思敏 绘）

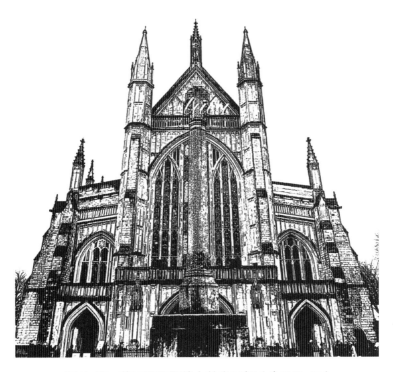

图 5-63 英国温彻斯特大教堂局部（曹思敏 绘）

5.5.30 英国格洛斯特大教堂（1089—1499 年）

格洛斯特大教堂位于英格兰南部的格洛斯特郡，牛津以西威尔士境内，在城市的北面，紧邻着河。格洛斯特大教堂早在 1300 年前便是人们的朝圣地，于 681 年开始，在为圣彼得而修建的修道院基础上进行扩建。这里埋葬着英格兰国王爱德华二世，历史上，它还是除伦敦威斯敏斯特教堂之外唯一一座为英王加冕的教堂（图 5-64）。14 世纪的美丽扇形拱顶在当今仍被评价为全英国最早和美丽的建筑之一。电影《哈利波特》剧组也曾经在这里取景拍摄剧中的魔法学校。

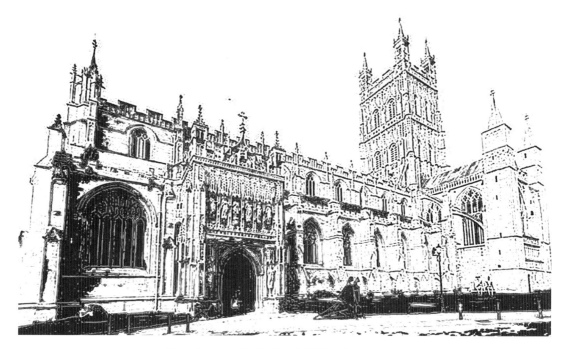

图 5-64　英国格洛斯特大教堂（曹思敏 绘）

建筑最长处达 130 米，宽 44 米，中央的高塔则高达 69 米，塔上有 4 个小的尖塔（图 5-65）。1327 年英国国王爱德华二世被谋杀后，格洛斯特大教堂被选为他的埋葬地，此后，爱德华的墓地有众多信徒到访，格洛斯特因此也成为一个朝圣中心，教堂在信徒的捐赠下逐渐扩建成宏伟的建筑。教堂最主要的是中殿，高大的穹顶支撑着整个中殿。中殿内坚固的诺曼底石柱在此屹立了 900 多年。进入中殿，后面的是唱诗班席位。那是整个教堂中最令人叹服的部分。阳光从高高的彩绘玻璃窗射入，殿堂显得神秘而安逸。日常的基督教礼拜仪式主要在此进行，14 世纪的垂直陡峭建筑风格数百年来一直不变，其高大优雅的线条高耸向上直指天国。

图 5-65　英国格洛斯特大教堂局部（曹思敏 绘）

英国的哥特式建筑出现得比法国稍晚，流行于 12—16 世纪。它们不像法国教堂那样重视结构技术，但装饰更自由多样。教堂的正面位于西边。东头多以方厅结束，很少用环殿。这时期的拱顶肋架是一种具有装饰性的扇状拱顶，肋架像大树张开的树枝一般，非常有力，还采用由许多圆柱组成的束柱。格洛斯特大教堂即是这种风格的教堂。这座教堂的东头，窗户极大，用许多直线贯通分割，窗顶多为较平的四圆心券。纤细的肋架伸展盘绕，极为华丽（图 5-66）。

图 5-66　英国格洛斯特大教堂内部

（曹思敏 绘）

5.5.31 英国索尔兹伯里大教堂（1220—1258 年）

索尔兹伯里大教堂是英国著名的天主教堂，由建筑师伊莱亚斯设计。它是 13 世纪早期哥特式建筑，仅用了 38 年即建造而成，因而整个教堂的建筑风格完全一致，相对于哥特式建筑建造动辄上百年时间则实属罕见（图 5-67）。

图 5-67　索尔兹伯里大教堂外观（曹思敏 绘）

教堂主体部分包括塔楼、西主厅、大回廊和牧师会礼堂。其中塔楼高 123 米，为全英最高，教堂内拥有四份"大宪章"中保存最完好的一份和欧洲最古老的机械塔钟（图 5-68）。索尔兹伯里大教堂是历代朝圣之地。

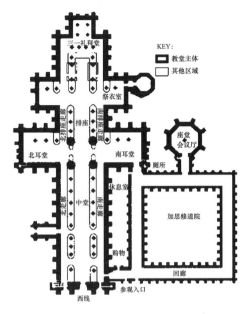

图 5-68 索尔兹伯里大教堂平面图（曹思敏 绘）

索尔兹伯里大教堂的结构及主要材料为砖、石、拱及木屋架，主体建筑用银灰色的条石砌成，庄严而美丽。索尔兹伯里大教堂与同时代法国北部的哥特式教堂相比有以下主要特征：虽然不是修道院，但在教堂的南侧有类似修道院的回廊和议事堂；教堂的圣堂部位采用矩形平面；教堂中廊的拱廊以强调楼层为手法的水平划分为重点，使得中廊内的空间更具水平延伸性；建筑的"飞券和扶壁"结构系统不成熟，而是采用通过侧廊拱顶吸收侧推力的方法。纤细的纵长尖顶窗是立面上的主要构图元素，几乎没有圆形玫瑰窗；多枝肋拱从柱埠上生出的手法已经开始出现，预示着日后扇拱的发达（图 5-69）。

图 5-69 索尔兹伯里大教堂外观（曹思敏 绘）

教堂独特之处表现为三个方面：穹顶、柱子和玻璃窗户，这三个方面决定了教堂的整体风格和气势。索尔兹伯里大教堂有很高的穹顶、排列规整而高大的柱子和彩绘的玻璃窗户，给人非常震撼的感觉（图 5-70）。

图 5-70　索尔兹伯里大教堂内部（曹思敏　绘）

5.5.32　英国剑桥国王学院礼拜堂（1446—1515 年）

国王学院礼拜堂是剑桥建筑的一大代表，也是中世纪晚期英国建筑的重要典范。国王礼拜堂为亨利六世在 1446 年下令建造，耗时 80 年完成，礼拜堂四面的彩色玻璃窗以圣经故事为主要情景。礼拜堂祭坛后方有由鲁本斯所绘的"贤士来朝"，以及分隔礼拜堂前厅与唱诗班的屏隔，其上饰有天使的管风琴和扇形拱顶天花板（图 5-71、图 5-72）。

国王学院是剑桥大学最著名的学院，在亨利六世的鼎力支持下于 1441 年成立，学院草地中央即为亨利六世的青铜纪念像，国王学院的主要入口是雄伟的 19 世纪哥特式门楼（图 5-73）。

国王学院礼拜堂内部空间开放空旷，平面为矩形。至今，这座狭窄、宏伟和长长的礼拜堂在建筑史上是伟大的建筑之一。该建筑能辐射出光线，其四面墙壁的每一面上约有 2/3 的区域安装有彩色玻璃，几乎填满了扶壁间的所有空间（图 5-74）。玻璃虽然没有中世纪的华美，但是明亮且有透亮或者不透明的窗格衬托。除了西部的窗户于 1879 年设计之外，玻璃的年代可追溯到 1517—1547 年，且出自德裔佛兰德艺术家之手。

图 5-71　剑桥国王学院礼拜堂（曹思敏 绘）

图 5-72　剑桥国王学院礼拜堂立面（曹思敏 绘）

图 5-73　剑桥国王学院入口大门（曹思敏 绘）

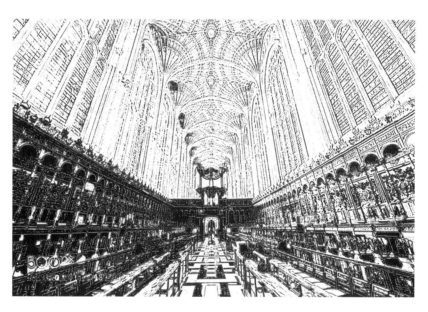

图 5-74　剑桥国王学院礼拜堂内部（曹思敏 绘）

5.5.33　美茵茨主教堂（始建于 975 年）

美茵茨大教堂又称美茵茨圣玛尔定大教堂，位于德国莱茵兰 - 普法尔茨州的首府美因茨，是天主教美茵茨教区的主教座堂。美茵茨是政教古都，在神圣罗马帝国时代，美茵茨大主教身兼帝国七大选帝侯之一，政治与宗教势力权倾一时。教堂主体建筑采用罗马式风格，中央钟楼为哥特式，建筑沉稳平衡（图 5-75）。

图 5-75　美茵茨主教堂（曹思敏　绘）

5.5.34　科隆大教堂（1248—1880 年）

科隆大教堂东西长 145 米，南北宽 86 米，占地约 8000 平方米，平面为拉丁十字形。教堂中央为高耸双塔，南塔高 157.31 米，北塔高 157.38 米，拥有全欧洲高度仅次于乌尔姆主教堂的尖塔，四周还有 1.1 万座小尖塔衬托（图 5-76）。

教堂东西向为五开间柱廊，内部空间狭长高耸，竖向高塔将人的视线引向天空。从开工建设开始，不断加高、加宽、扩大，时间跨度接近 5 个世纪。整座建筑物由抛光大理石块砌筑，层叠的大理石如同春笋般，整座建筑共耗费 40 万吨石材。

科隆大教堂的建造突破当时技术限制，尤其哥特式建筑高塔的建造，建筑师利用几何学和力学知识，采用建造模型的方法，边试验边施工。为了保证其稳定性，先搭建竖柱，其上安装木制起重机，类似现代的塔式起重机，自下而上分层施工。屋顶为了减轻自重，由石券填充木板组合成整体，然后再将其吊至顶部。设计师还利用了罗马式大教堂建筑中的拱门设计，创造了有尖角的拱门、肋形拱顶和飞拱，帮助立柱共同支撑穹隆式吊顶（图 5-77）。

图 5-76 科隆大教堂（曹思敏 绘）

图 5-77 科隆大教堂透视图（刘玥 绘）

5.5.35 乌尔姆主教堂（1377—1890 年）

乌尔姆主教堂位丁德国巴登 - 符腾堡州乌尔姆市，属于哥特式建筑风格，长 126 米、宽 52 米，共有 3 座塔楼。东侧双塔并立，西侧教堂主塔高耸入云。乌尔姆主教堂是世界上最高的教堂钟楼，十分壮观。这座砖石结构的教堂从设计到最终建成经历了近600年，凝结了数代工匠的智慧和血汗（图5-78）。

图 5-78　乌尔姆主教堂（王俊程 绘）

比较特别的是，乌尔姆主教堂用优美镂空的巴洛克线条装饰教堂的塔楼。这种结构变化突破了原来塔楼的封闭性质，借以减轻墙垣的笨重感。它是市民文化与神学思想发生对立的一种艺术反映（图5-79）。

图 5-79　乌尔姆主教堂内部结构（王俊程 绘）

5.5.36　威尼斯总督府（9 世纪）

威尼斯总督府位于圣马可广场码头边，始建于 9 世纪，属于欧洲中世纪哥特式建筑。总督府原来是一座拜占庭式的建筑，后历经多次改建。它的平面是四合院式的，南面临海，长约 74.4 米，西面朝广场，长约 85 米，东面是一条狭窄的河。总督府的主要特色在于南立面和西立面的构图，立面高约 25 米，分为 3 层，外加一个只开了一排小圆窗的顶层。第一层是券廊，圆柱粗壮有力。最上层的高度占整个高度的大约 1/2；除了相距很远的几个窗子之外，全是实墙。墙面用小块的白色和玫瑰色大理石片贴成斜方格的席纹图案，这些图案显然受到伊斯兰建筑的影响（图 5-80）。

图 5-80　威尼斯总督府（王俊程　绘）

5.5.37　佛罗伦萨圣十字教堂（1294—1443 年）

佛罗伦萨圣十字教堂由阿莫尔福·迪坎比奥于 1294 年开始设计和建造，属于哥特式建筑。教堂建设直到 1443 年初步完工启用，但人字形主立面是 1863 年增建，1842年加建教堂后面的哥特式钟楼（图 5-81）。教堂内部划分为 3 个纵厅，长度为 114 米，一个圣坛以及排满了礼拜室的耳堂。建筑总共 10 个礼拜室，后殿两边各 5 个。教堂里由列柱划分为 3 间，即中厅和两侧侧厅，列柱上飞起大跨度的双尖券。

图 5-81　佛罗伦萨圣十字教堂（王俊程　绘）

5.5.38 佛罗伦萨主教堂（1334—1420年）

佛罗伦萨主教堂是一处建筑人心中的圣地。教堂两端各有一座钟楼和一个穹隆顶，有幽雅的外观轮廓，是许多艺术家共同设计的成果。佛罗伦萨主教堂的穹顶被誉为第一座意大利文艺复兴建筑，是新时代的第一朵报春花。矗立在广场上的佛罗伦萨主教堂庄严肃穆，建筑严谨细致，具有流动性又不失稳重感，和洗礼堂、钟塔构成一个整体（图5-82）。

佛罗伦萨主教堂于1296年动工。它的形制具有独创性，平面总体是拉丁十字式，但是突破了教会的禁制，将东部圣坛设计成近似集中式。其内部空间开敞，西部的大厅长约80米，分为4跨，柱墩的间距与中厅的跨度均约20米。东部圣坛是八边形，对边的距离和大厅的宽度相等。东、南、北三面各伸出一个八边形，表现了以圣坛为中心的集中式形制。这种形制上重要的创新，在15世纪之后得到广泛运用。圣坛上的穹顶由于建造技术困难，直到15世纪上半叶才建造完成。主教堂的外墙以各色大理石贴面，构成形体丰富多变而又和谐统一的景色（图5-83）。

图5-82 佛罗伦萨主教堂（杜晓燕 绘）

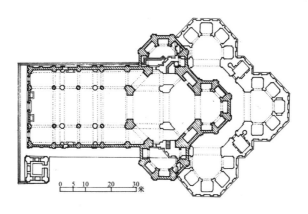

图 5-83 佛罗伦萨主教堂平面图（杜晓燕 绘）

主教堂西立面之南有一个边长 13.7 米的正方形钟塔（1384—1387 年），高达 84 米，由画家乔托设计，属于哥特式建筑风格（图 5-84）。哥特式建筑在意大利并不是很多，这是因为意大利在这个时期未取得统一。除了北部伦巴底地区参与了西欧中世纪的哥特式建筑的进程，其余地方都独立地发展着自己的中世纪建筑风格。佛罗伦萨是意大利的中心城市，在欧洲经济中占有重要地位，也是最早战胜封建领主并建立城市自治的一个共和国。

图 5-84 乔托钟塔（曹思敏 绘）

5.5.39　米兰大教堂（1386—1965 年）

米兰大教堂坐落于米兰市中心的大教堂广场，是世界上最大的哥特式建筑，有"米兰的象征"之美称。这座天主教堂长 158 米、宽 93 米，塔尖最高处达 108.5 米，总面积 1.2 万平方米，可容纳 3.5 万人，规模居世界第二，也是世界五大教堂之一。该教堂于 1386 年开工建造，1500 年完成拱顶，整个教堂 1965 年完工，历时 5 个世纪。拿破仑曾于 1805 年在米兰大教堂举行加冕仪式。

教堂的建筑风格十分独特，上半部分是哥特式的尖塔，下半部分是典型的巴洛克式风格，从上而下满饰雕塑，极尽繁复精美，是文艺复兴时期具有代表性的建筑物（图 5-85）。

外部的扶壁、塔、墙面都是垂直向上的垂直划分，全部局部和细节顶部为尖顶，整个外形充满着冲向天空的升腾感，这些都是哥特式建筑的典型外部特征。教堂内外墙等处均点缀着圣人、圣女雕像，共有 6000 多座。教堂顶耸立着 135 个尖塔，每个尖塔上都有精致的人物雕刻。

米兰大教堂的大厅有着显著的哥特式风格建筑的特点：中厅较长而宽度较窄，长约 130 米，宽约 59 米，两侧支柱的间距不大，形成自入口导向祭坛的强烈动势。中厅很高，顶部最高处距地面 45 米。宏伟的大厅被 4 排柱子分开，大厅圣坛周围支撑中央塔楼的 4 根柱子，每根高 40 米，直径达到 10 米，由大块花岗岩砌叠而成，外包大理石。12 根较小圆柱，柱子加上柱头总高约 26 米，直径 3.5 米。这些柱子共同支撑着 1.4 万吨的拱形屋顶，柱与柱之间有金属杆件拉结，形成 5 道走廊。两侧束柱柱头弱化消退，垂直线控制室内划分，尖尖的拱券在拱顶相交，如同自地下生长出来的挺拔枝干，形成很强的向上升腾的动势。两个动势体现对神的崇敬和对天国向往的暗示（图 5-86）。

图 5-85　米兰大教堂（曹思敏 绘）

图 5-86 米兰大教堂内部（曹思敏 绘）

5.5.40 佛罗伦萨市政厅（13 世纪）

佛罗伦萨市政厅也被称为旧宫，位于佛罗伦萨市中心的西尼奥列广场，是一座建于 13 世纪的碉堡式建筑。旧宫上的塔楼高 94 米，厚重的外墙，开垛口的堡垒，使其成为佛罗伦萨最重要的地标之一。整个建筑的外部用粗糙的大小不等的方石块砌成。主体部分上下 4 层，开有双联半圆拱窗（图 5-87）。建筑物的造型给人以庄严巍峨的印象。

图 5-87 佛罗伦萨市政厅（曹思敏 绘）

5.5.41 黄金府邸（1427—1437 年）

康塔里尼家的黄金府邸是威尼斯最美的哥特式府邸之一，建筑立面模仿总督府，首层为敞开式尖券廊，往上二三层为更小开间廊道，而在一侧设比较封闭的墙面，虚实对比，窗户样式为火焰形窗，构图更活泼。面临大运河的墙垣是白色石灰石砌筑，因为装饰细部全都贴金而得名为"黄金府邸"（图 5-88）。

图 5-88　黄金府邸（曹思敏 绘）

5.5.42 科尔多瓦大清真寺（785—1523 年）

8 世纪末到 11 世纪初，科尔多瓦城是统治了大部分比利尼斯半岛的倭马亚王朝的首都，非常富足，文化水平高、生活奢华。786 年，阿布杜勒·拉曼一世为了夸耀富强，将科尔多瓦建设成西方的圣地，因此下令建造大清真寺（图 5-89）。

两百年间，大清真寺经过数个大哈里发王朝统治者的扩建，加上科尔多瓦被信奉天主教的西班牙人收复后，在 1523 年被改建成天主教堂，所以形成风格很不统一的建筑。也就是这两种性质截然不同的文化融合，吸引全世界人的青睐（图 5-90）。

古希腊雅典剧场

古希腊雅典卫城

古罗马斗兽场

古罗马君士坦丁凯旋门

圣索菲亚大教堂外景

圣索菲亚大教堂内景

巴黎圣母院外景

巴黎圣母院夜景

巴黎圣母院内景

博韦主教堂外景

博韦主教堂内景

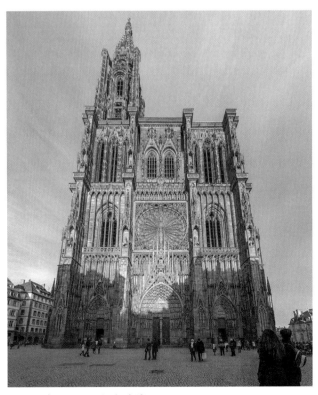

法国斯特拉斯堡大教堂外景

法国斯特拉斯堡大教堂内景

法国圣米歇尔城外景

法国圣米歇尔城远眺

125

米兰大教堂入口

米兰大教堂局部

威尼斯圣马可教堂入口

威尼斯圣马可教堂穹顶

威尼斯圣马可广场内景

威尼斯圣马可广场俯瞰

威尼斯总督府

威尼斯大运河

比萨大教堂和斜塔

比萨大教堂和洗礼堂

科隆主教堂夜景

科隆主教堂正面

科隆主教堂侧面

英国议会大厦俯瞰

英国议会大厦沿河外观

意大利阿科内圣阿涅塞教堂

法国卡尔卡松城堡

意大利维琴察巴西利卡

意大利罗马特雷维喷泉

法国凡尔赛宫外景

法国凡尔赛宫镜廊

法国卢浮宫外景（一）

法国卢浮宫外景（二）

法国卢浮宫内廊

法国巴黎协和广场俯瞰

法国巴黎旺道姆广场

法国枫丹白露宫一角

法国枫丹白露宫建筑局部立面

俄罗斯华西里伯拉仁内教堂

俄罗斯冬宫

图 5-89 科尔多瓦大清真寺（曹思敏 绘）

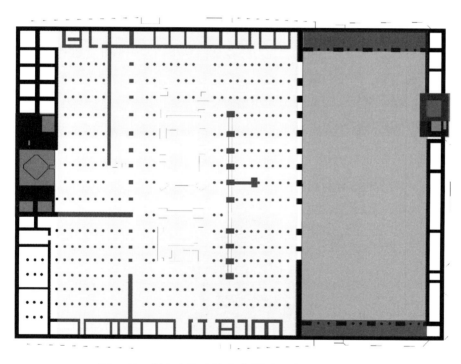

图 5-90 科尔多瓦大清真寺平面图（邓律子 绘）

　　扩建和改建之后的大殿东西宽 126 米，南北深 112 米。18 排柱子，每排 36 根，东侧的 7 排柱子和外墙是 987 年完成的，同时，把圣龛向东移 3 间，以致圣龛和大门二者并不正对。柱列由西北走向东南，柱间距不到 3 米，柱子密集，互相掩映，几乎见不到边涯（图 5-91）。

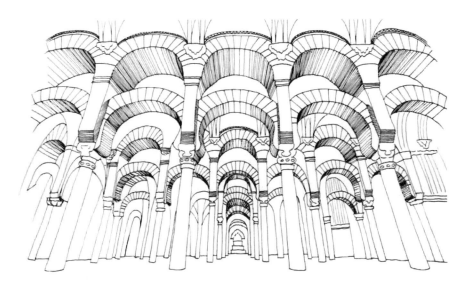

图 5-91　科尔多瓦大清真寺的柱列（邓律子 绘）

前院的西北墙原有光塔，1593 年清真寺改为天主教堂后，光塔被改建成为天主教堂的钟塔，高达 93 米（图 5-92）。在石柱森林间穿梭，这一刻细赏雕刻精美、金碧辉煌的伊斯兰教壁雕，下一刻就见到耶稣的祭坛；缓步游走，转个弯，眼前出现庄严的教堂圣殿，混集哥特式、文艺复兴式的华丽建筑，仰尽脖子才见的各式雕花或画像穹顶，瑰丽纷繁，令人眼花缭乱。教堂与清真寺风格截然不同，两样建筑同样令人赞叹。

图 5-92　科尔多瓦大清真寺的光塔（邓律子 绘）

科尔多瓦大清真寺是伊斯兰世界最大的清真寺之一，采用许多平行单系的连续拱做承重。柱子是罗马古典式的，用红、黑、棕、黄等大理石砌成，顶棚为木制的。在柱头和顶棚之间，重叠着两层发券，它们在大厅上部的微光里像不尽的连环，无边无际。圣龛前面国王做礼拜的地方，发券特别复杂，花瓣形的券重叠几层，互相交错，非常华丽，装饰性很强。除了半圆券和马蹄券，还有火焰形券、三叶草券、梅花券等，而且往往重叠或交叉组织成更复杂的花样（图 5-93）。

图 5-93　科尔多瓦大清真寺的梅花券（邓律子　绘）

5.5.43　西班牙布尔戈斯大教堂（1176—1493 年）

布尔戈斯大教堂是唯一的一座独立被宣布为人类文化遗产的大教堂，是 13 世纪哥特式建筑的杰出代表。布尔戈斯大教堂是一座白色石灰石的哥特式建筑，有字形平面布局的大厅。其内部有一个文艺复兴式的大祭坛，装饰了许多镶嵌在壁龛或山墙内的圆形半身人像浮雕。整个教堂尖塔兀立，高耸秀美。从外形上看，它近似于德国的科隆大教堂，然而从比例上却比它更完美些。外形各个细部处理十分精致。教堂高 84 米，雄伟壮观，气势非凡。在高耸的 2 座塔楼顶部，配有一对石刻透雕的针状尖塔直插云霄。布尔戈斯大教堂内部有主座堂、统帅小教堂、金梯、侧殿、回廊等主要建筑（图 5-94）。

在 8 世纪时，西班牙曾被阿拉伯伊斯兰教徒占领。从此，西班牙人一直在坚持不懈地开展复地运动。8—15 世纪，西班牙与葡萄牙为收复阿拉伯人在伊比利亚半岛上所占据的土地，付出了好几代人的鲜血与生命。自 718 年始，不断取得胜利，至 1212

年，西班牙人在那瓦斯·德·多罗萨的一次战役中，大败了阿拉伯人。于是，信奉天主教的西班牙人从北而南地逐步赶走了伊斯兰教徒，同时建造了大批天主教堂。约从11世纪起，西班牙国内所建的教堂的形制，基本上采用法国的哥特式（图 5-95 ）。

尽管如此，由于历史的原因，西班牙人仍不得不雇用许多技术水平极高的阿拉伯建筑师与工匠，因而那里的哥特式教堂多少掺入了一些伊斯兰教的处理手法，形成了它特殊的建筑风格。这种风格被称作穆达迦，其特点是以马蹄形券、镂空的石窗棂以及大面积的几何形图案和纹样等为装饰结构（图 5-96 ）。这一座主教堂就具有上述特点。

图 5-94　布尔戈斯大教堂（曹思敏　绘）

图 5-95　布尔戈斯大教堂全貌（曹思敏　绘）

图 5-96　布尔戈斯大教堂入口（曹思敏　绘）

5.5.44　西班牙托莱多大教堂（1247—1493 年）

　　西班牙托莱多大教堂至今仍保留着中世纪风貌，是当时西班牙基督教教会总教区的第一大教堂，是西班牙排名第二的大教堂。它采用了当时在西班牙教堂中很少用的法国哥特式建筑形式。西班牙式哥特艺术风格在教堂建筑中也得到了充分体现。教堂有主座堂及其周围的小教堂、唱诗班席位、半圆形后殿、珍宝馆、绘画馆、钟楼等几部分（图 5-97）。

　　这座教堂为拉丁十字式，教堂顶由 88 根柱子支撑，划分为 5 个厅，长 120 米，宽 59 米，高 45 米。彩色玻璃分别于 14、15 和 16 世纪被陆续镶嵌上。最大的祭坛分为五个部分，包含了《新约》中的场景，周围有 22 个小耳室。教堂正门左侧钟楼高 90 米，上挂一口 17.5 吨的大钟（图 5-98）。

图 5-97　托莱多大教堂（曹思敏　绘）

图 5-98　托莱多大教堂入口（曹思敏　绘）

有很多建筑并非从内到外、自始至终都为同一种建筑风格。托莱多大教堂的祭坛被称为巴洛克的奇迹，但教堂本身却是非常典型的哥特式建筑。教堂内部空间的绝大部分是哥特风格，只有圣坛背后的祭坛是巴洛克风格的作品。设计者将祭坛上部的一部分拱顶拆掉，改装成采光窗，然后逐渐向下以雕刻的手法构成祭坛本体。在顶光的照耀下，祭坛上用云石、铜等制作的天使和其他形象似乎完全克服了重力的束缚，如浮云行空（图5-99）。

图 5-99　托莱多大教堂祭坛（曹思敏 绘）

5.5.45　阿尔罕布拉宫（13世纪中期）

阿尔罕布拉宫是西班牙的著名故宫，为中世纪摩尔人在西班牙建立的格拉纳达王国的王宫。"阿尔罕布拉"，阿拉伯语意为"红堡"。宫殿建于13—14世纪，是伊斯兰艺术在西班牙的瑰宝。它建于海拔730米高的地形险要的山丘上，宫殿的围墙东西长200米，南北长200米，高达30米。1492年摩尔人被逐出西班牙后，建筑物开始荒废。1828年在斐迪南七世资助下，经建筑师何塞·孔特雷拉斯与其子孙三代进行长期的修缮与复建，阿尔罕布拉宫才恢复原有风貌（图5-100）。

阿尔罕布拉宫坐落在格拉纳达城东的山丘上，地势险要，占地约35英亩（1英亩=4046.86平方米），以两个互相垂直的长方形院子为中心，四周环以高大的城垣和数十座城楼（图5-101）。

图 5-100　阿尔罕布拉宫（邓律子 绘）

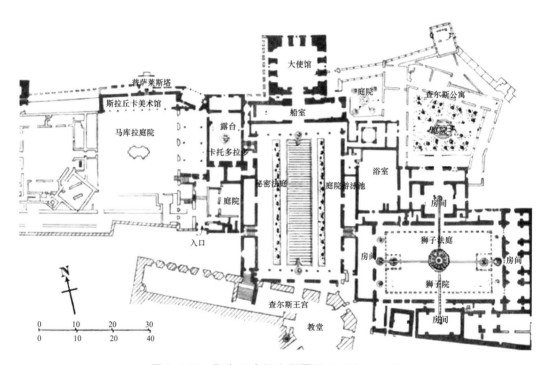

图 5-101　阿尔罕布拉宫平面图（邓律子 绘）

　　阿尔罕布拉宫南北向的院子叫柘榴院（36米×32米），以举行朝典仪式为主，比较肃穆。南北两端各有 7 间纤细的券廊（图 5-102）。北端券廊的后面就是正殿。正殿宽高均约 18 米。

　　东西向的院子叫狮子院（28米×16米），是后妃们住的地方，比较奢华。狮子院有一圈柱廊，124 根纤细的柱子 1~3 个一组地排列着。院子的北侧是后妃室，后面有一个小花园。从山上引来的泉水分成几路，流经各个卧室。院子的纵横两条轴线上都在水渠相交处辟圆形水池，池周雕着 12 头雄狮，院子由此得名（图 5-103）。

图 5-102　阿尔罕布拉宫的柘榴院（邓律子 绘）

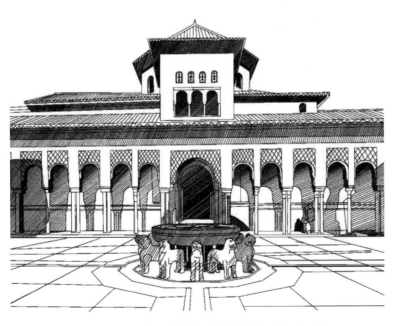

图 5-103　阿尔罕布拉宫的狮子院（邓律子 绘）

5.5.46 西班牙塞维利亚大教堂（1381—1506年）

塞维利亚大教堂是西班牙南部安达卢西亚区省会城市塞维利亚市内的著名宗教建筑。塞维利亚市分布于瓜达尔基维尔河左岸，距河口12千米，为内陆河港，港内涨潮时可通海轮。711—1248年，塞维利亚曾先后成为哥特人及摩尔人所建王国的都城。塞维利亚大教堂是世界五大教堂之一，仅次于梵蒂冈的圣彼得大教堂和意大利的米兰大教堂。该教堂建于15世纪初，在原伊斯兰教寺院的旧址上改建而成（图5-104）。

塞维利亚大教堂是一座屋顶女儿墙带有许多尖塔的哥特式风格的建筑。大教堂的正门面对国王圣女广场，有5个正厅（主厅高36米），它的主体是长116米、宽76米的矩形建筑。教堂共有3扇大门：正门为王子之门，其余分别为洗礼之门、亚松森门（图5-105）。

塞维利亚大教堂的建筑时期经历了穆德哈尔、哥特、文艺复兴、巴洛克、新古典主义学院派等各个时期，以及最后试图结束上述所有风格的简单纯净建筑期。整个建筑属于西班牙哥特艺术鼎盛时期的风格，同时也夹杂着阿拉伯建筑艺术的风格，二者有机地结合在一起（图5-106）。

图 5-104　塞维利亚大教堂（曹思敏 绘）

图 5-105　塞维利亚大教堂入口（曹思敏 绘）

图 5-106　塞维利亚大教堂局部（曹思敏 绘）

教堂边侧有一座高耸于所在建筑物之上的方形高塔，这就是著名的希拉尔达塔

（图 5-107）。希拉尔达塔建于 1184 年初，用石筑，平面为方形，每边宽 16.5 米，到
56.4 米高程后，续建者改用砖筑。塔高 98 米，作为原伊斯兰教寺院建筑中仅存的一部
分，整个塔在简朴浑厚之中不失精致，而且上部分划比下部细，尺度比下部小，装饰
比下部多，也远远比下部空灵，造成了像植物一样向上生长的态势。塔身墙面上网状
装饰和多拱的马蹄形窗户保留了鲜明的阿拉伯风格。

图 5-107　希拉尔达塔（邓律子　绘）

5.5.47　布鲁日市政厅（1376 年）

比利时布鲁日市政厅是低地国家（荷兰、比利时、卢森堡三国）最古老的市政厅
之一，始建于 1376 年，位于城堡广场，与圣血教堂相邻（图 5-108）。市政厅的建筑是
晚期哥特风格，正面六扇尖顶穹隆窗垂直排列，造型新颖，别具特色；市政厅的外墙
上刻有浮雕，内容取材于圣经故事和历史人物，形象鲜明，生动传神。

布鲁日市场广场钟塔建于 13—15 世纪，是世界文化遗产。这座塔是布鲁日的标志，
象征着自由和权力。钟楼高 88 米，一共 366 级旋转石头台阶，顶层部分为木质楼梯
（图 5-109）。

图 5-108　布鲁日市政厅（曹思敏 绘）

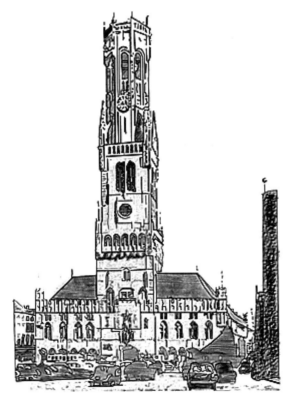

图 5-109　布鲁日市政厅钟塔（赵海东 绘）

5.5.48　比利时布鲁塞尔市政厅（1402 年）

布鲁塞尔市政厅位于市政广场的右侧。这是一座典型的哥特式建筑，造型宏伟，空灵高耸，引人注目。市政厅大楼始建于 1402 年，主体建筑为四层，底部为券柱式，四角有凸出屋面的多边形高尖塔，中部塔楼高约 91 米，塔顶塑有一尊高 5 米的布鲁塞尔城的守护神圣米歇尔的雕像（图 5-110）。市政厅的大门不在正中，塔楼也稍偏向一方。塔楼和大门之所以不居正中，是由于整个建筑分别建于 3 个不同时期，因此才出现此现象。厅内装修十分精美，天花板上绘制的图案美妙绝伦，栏杆花纹雕刻精细，雪白色的大理石楼梯像一条银蛇蜿蜒而上。走廊里布满五彩缤纷的壁画。在许多巨幅肖像画中有比利时的君主像，有曾经统治过布鲁塞尔的西班牙、荷兰、法国等国的国王画像，还有横扫欧洲大陆、被称为"一世之雄"的拿破仑画像。

图 5-110　布鲁塞尔市政厅（曹思敏 绘）

6 意大利文艺复兴建筑

6.1 意大利文艺复兴建筑产生背景（15—17 世纪）

西欧的中世纪是个特别"黑暗的时代"。基督教教会成为当时封建社会的精神支柱，建立了一套严格的等级制度，把上帝当作绝对的权威。文学、艺术、哲学一切都得遵照基督教的经典——《圣经》的教义，谁都不可违背，否则，宗教法庭就要对他进行制裁，甚至处以死刑。在教会的管制下，中世纪的文学艺术死气沉沉，科学技术也没有什么进展。黑死病在欧洲的蔓延，也加剧了人们心中的恐慌，使人们开始怀疑宗教神学的绝对权威。

中世纪的后期，资本主义萌芽在生产力的发展等多种条件的促生下，于欧洲的意大利首先出现。资本主义的萌芽是商品经济发展到一定阶段的产物，商品经济是通过市场来运转的，而市场上择优选购、讨价还价、成交签约，都是斟酌思量之后的自愿行为，这就是自由的体现。当然，要想有这些自由，还要有生产资料所有制的自由，而所有这些自由的共同前提就是人的自由。此时意大利呼唤人的自由，陈腐的欧洲需要一场新的提倡人的自由的思想运动。

11 世纪后，随着经济的复苏与发展、城市的兴起与生活水平的提高，人们逐渐改变了以往对现实生活的悲观绝望态度，开始追求世俗人生的乐趣，而这些倾向是与天主教的主张相违背的。在 14 世纪，城市经济繁荣的意大利最先出现了对天主教文化的反抗。当时意大利的市民和世俗知识分子，一方面极度厌恶天主教的神权地位及其虚伪的禁欲主义，另一方面却没有成熟的文化体系取代天主教文化，于是他们借助复兴古希腊、罗马文化的形式来表达自己的文化主张。文艺复兴正是产生于此大背景下，它指发生在 14—17 世纪的一场反映新兴资产阶级要求的欧洲思想文化运动，是西欧近代三大思想解放运动（文艺复兴、宗教改革与启蒙运动）之一。文艺复兴运动最先在意大利各城邦兴起，以后扩展到西欧各国，于 16 世纪达到顶峰，给欧洲带来了一段科学与艺术革命时期，揭开了近代欧洲历史的序幕，被认为是欧洲中古时代和近代的分界。因此，文艺复兴着重表明新文化以古典为师的一面，而并非单纯的古典复兴，实际上是资产阶级反封建的新文化运动。

文艺复兴的核心是人文主义精神，人文主义精神的核心则是提出以人为中心而不是以神为中心，肯定人的价值和尊严，主张人生的目的是追求现实生活中的幸福，倡导个性解放，反对愚昧迷信的神学思想，认为人是现实生活的创造者和主人。

6.2 意大利文艺复兴建筑特点

文艺复兴建筑是欧洲建筑史上继哥特式建筑之后出现的一种建筑风格。它是随着文艺复兴这个文化运动而诞生的建筑风格，后传播到欧洲其他地区，在欧洲各国形成了带有各自特点的文艺复兴建筑。其中，意大利文艺复兴建筑在文艺复兴建筑中占有最重要的位置。

基于对中世纪神权至上的批判和对人道主义的肯定，建筑师希望借助古典的比例来重新塑造理想中古典社会的协调秩序。所以一般而言，文艺复兴的建筑是讲究秩序和比例的，拥有严谨的立面和平面构图以及从古典建筑中继承下来的柱式系统。文艺复兴建筑在理论上以文艺复兴思潮为基础，在造型上排斥象征神权至上的哥特式建筑风格，提倡复兴古罗马时期的建筑形式，特别是古典柱式比例、半圆形拱券、以穹隆为中心的建筑形体等，例如意大利佛罗伦萨美第奇府邸（1430—1444 年）、维琴察圆厅别墅（1552 年）等。

意大利文艺复兴建筑的特点具体表现为如下几方面：第一，最明显的特征是扬弃了中世纪时期的哥特式建筑风格，而重新采用古希腊罗马时期的柱式构图要素。第二，产生了丰富的建筑理论著作。这些理论大多都在维特鲁威《建筑十书》的基础上发展形成，其中尤以意大利建筑师阿尔伯蒂所著《论建筑》、帕拉第奥的《建筑四书》、维尼奥拉的《建筑五柱式》为代表。第三，建筑造型艺术及理论的核心思想是强调人体美，把柱式构图与人体相比拟，诠释了人文主义思想。第四，用数学和几何学来确定美的比例和协调的关系，如黄金分割（1.618∶1 或近似为 8∶5）、正方形等。这反映了数字关系及神秘象征隐喻的广泛应用。第五，建筑类型以教堂建筑和世俗建筑为主。世俗建筑平面多以围院式布局，追求形体对称、体量均衡、中央轴线、排列规律、门窗整齐。第六，外部造型在古典建筑的基础上，采用灵活多样的处理方法。对立面的分层、粗石与细石墙面的处理、叠柱、券柱式、双柱、拱廊的应用，粉刷、隅石、装饰、山花的变化等都有很大的发展，使文艺复兴建筑有了崭新的面貌。第七，城市与广场建设活跃。城市的改建追求庄严对称，广场有集会广场、纪念性广场、装饰性广场、交通性广场。早期广场周围建筑布置比较自由，空间封闭，雕像多在广场一侧。后期广场较严谨，周围布置柱廊，空间开敞，雕像布置于广场中央。第八，结构和施工技术达到新水平。梁柱系统与拱券结构混合应用；大型建筑外墙用石材、内部用砖砌筑，或者下层用石、上层用砖砌筑；在方形平面上加鼓形座和圆顶；穹隆顶采用内外壳和肋骨。

意大利文艺复兴建筑的发展过程大致可分为以佛罗伦萨为代表的早期文艺复兴（15世纪），以罗马为代表的盛期文艺复兴（15世纪末至16世纪初），晚期文艺复兴（16世纪中叶至末期）及17世纪以后的巴洛克时期。意大利文艺复兴早期建筑著名实例有：佛罗伦萨大教堂中央穹隆顶（1420—1434年），设计人是伯鲁涅列斯基，大穹隆顶首次采用古典建筑形式，打破了中世纪天主教教堂的构图手法；佛罗伦萨的育婴院（1421—1424年），也由伯鲁涅列斯基设计；佛罗伦萨的美第奇府邸（1444—1460年），设计人是弥开罗卓；佛罗伦萨的鲁切拉府邸（1446—1451年），设计人是阿尔伯蒂。意大利文艺复兴盛期建筑著名实例有：罗马的坦比哀多教堂（1502—1510年），设计人是伯拉孟特；罗马圣彼得大教堂（1506—1626年）；罗马的法尔尼斯府邸（1515—1546年），设计人是小桑迦洛等。意大利文艺复兴晚期建筑典型实例有维琴察的巴西利卡（1549年）和圆厅别墅（1552年），设计人都是帕拉第奥。

6.3 意大利文艺复兴的建筑代表性实例

6.3.1 佛罗伦萨圣若望洗礼堂（1059—1128年）

圣若望洗礼堂是佛罗伦萨现存最古老的建筑之一，建于1059—1128年，采用罗马风建筑风格。圣若望洗礼堂呈八角形，坐落在主教座堂广场，与圣母百花大教堂和乔托钟楼相对。洗礼堂以其在艺术上很重要的雕塑家洛伦佐·吉贝尔蒂设计的三组刻有浮雕的青铜大门——"天堂之门"而著称，被称为开启了文艺复兴运动（图6-1）。

图 6-1　佛罗伦萨圣若望洗礼堂（王俊程 绘）

6.3.2　佛罗伦萨大教堂的穹顶（1420—1434 年）

佛罗伦萨大教堂的穹顶是欧洲文艺复兴时期意大利建筑方面的第一个杰出成就。这个教堂原是 13 世纪末佛罗伦萨手工业行会从贵族手中夺取政权后，为纪念共和政体而建，但教堂的屋顶由于跨度太大，技术难度高，迟迟未能完成。在此之前，古罗马和拜占庭的建筑虽然也使用大型穹顶，但在外观上是半露半掩的。而伯鲁涅列斯基设计的这一穹顶，则把它特别加以强调，在穹顶的底座特地砌了高 12 米的一段鼓座，使穹顶显得非常突出，连顶上的采光亭在内，教堂顶部高达 107 米，穹顶的直径为 45 米，比罗马万神庙的穹顶还大，堪称史无前例，是文艺复兴时期创新精神的突出体现。所以，佛罗伦萨大教堂的穹顶一直被公认为文艺复兴时代的第一朵报春花（图 6-2）。

佛罗伦萨大教堂的穹顶采用拜占庭教堂的集中形制，穹顶呈八角形，跨度 42.2 米，高 107 米，是当时欧洲最大的穹顶。为减弱穹顶对支撑的鼓座的侧推力，伯鲁涅列斯基在结构上大胆采用了双层骨架券，八边形的棱角各有主券结构，与顶上的采光亭连接成整体，这种穹顶在欧洲的建筑史上前无古人（图 6-3）。

穹顶结构综合哥特（肋骨拱）、古罗马（拱券、穹隆）、拜占庭（鼓座）做法。采用双圆心尖拱形穹顶，骨架券结构，穹顶做成中空的内外两层，并在穹顶下设置了高 12 米的鼓座等具有创新性的做法，在减小侧推力的同时，创造了崭新的饱满而充满张力的穹顶形象，使穹顶高高耸起，成为教堂的立面构图中心（图 6-4）。

图6-2　佛罗伦萨大教堂穹顶外观（曹思敏　绘）

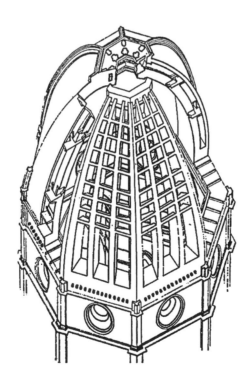

图6-3　佛罗伦萨大教堂穹顶双壳体结构

图 6-4 佛罗伦萨大教堂穹顶结构分析图

6.3.3 巴齐礼拜堂（1430—1461 年）

巴齐礼拜堂位于意大利佛罗伦萨，建造在圣十字教堂（S.Groce，1294 年到 14 世纪下半叶，坎皮奥设计）的修道院的院子里，正对着修道院大门。檐口高 7.83 米，略高于四周建筑，柱廊微微向前凸出，尺度与修道院的近似，小礼拜堂融合在修道院建筑中。因为它的形体包含多种几何形，对比鲜明，包括伞形的屋顶、圆柱形的采光亭和鼓座、方形的立面，立面上又有圆券和柱廊方形开间的对比，虚与实的对比，平面与立体的对比，所以它体积虽不大，但形体却很丰富。同时，各部分之间关系和谐，又有统率全局的中心，所以形象独立完整，因而从周围修道院的连续券廊衬托下凸现出来。它明朗平易的风格代表早期的文艺复兴建筑。19 世纪加建教堂的钟塔之后，它在构图上出色地担当了修道院院子同教堂尖塔之间呼应联系者的角色，三者构成变化突兀却又协调统一的画面（图 6-5）。

佛罗伦萨的巴齐礼拜堂是 15 世纪前半叶早期文艺复兴代表性的建筑物，由伯鲁乃列斯基设计。无论结构、空间组合、外部体形和风格都是大幅度创新之作。它的平面借鉴了拜占庭教堂的形制，正中是一个直径 10.9 米的帆拱式穹顶，左右各有一段筒形拱，同大穹顶一起覆盖一间长方形的大厅（18.2 米 ×10.9 米）。后面一个小穹顶，覆盖着圣坛（4.8 米 ×4.8 米）。在门前柱廊正中开间上覆盖一个小穹顶，长廊进深达 5.3 米（图 6-6）。

图 6-5　巴齐礼拜堂（赵海东　绘）

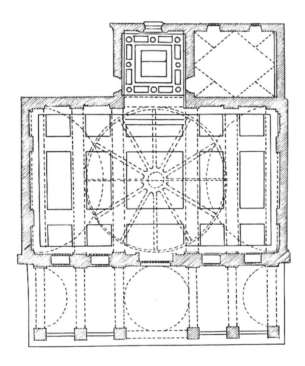

图 6-6　巴齐礼拜堂平面图（赵海东　绘）

　　它的内部和外部形式都由柱式控制。正面柱廊 5 开间，中央一间 5.3 米宽，发一个大券，把柱廊分为两半。这种突出中央的做法，在古典建筑中只见于古罗马有专制政体传统的东部行省，而在文艺复兴建筑中则比较流行。

无论内外，它都力求风格的轻快和雅洁、简练和明晰。柱廊上 4.34 米高的一段墙面，用很薄的壁柱和檐部线脚分成方格，消除了沉重的砌筑感。内部墙面是白色的，但壁柱、檐部、券面等都用深色，突出疏朗的构架。穹顶则由 12 根骨架券组成，构架和骨架券使大厅显得格外轻盈、尺度亲切。穹顶顶点高 20.8 米，筒形拱顶高 15.4 米，形成了以穹顶为中心的颇有变化的内部空间（图 6-7）。

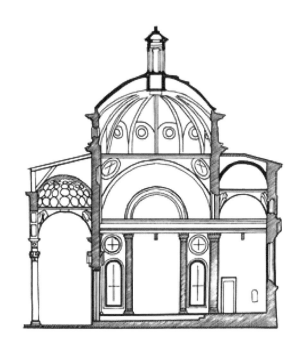

图 6-7　巴齐礼拜堂剖面图（**赵海东 绘**）

6.3.4　育婴院（1419—1451 年）

育婴院是 1419 年伯鲁乃列斯基设计的佛罗伦萨的一座四合院，正面向安农齐阿广场的一侧展开长长的券廊。券廊开间宽阔，连续券直接架在科林斯式的柱子上，非常轻快明朗。第二层窗小墙大，墙面整洁，檐口和线脚轻盈，与连续券风格协调，虚实对比强烈，立面构图明确简洁，比例匀称，尺度宜人（图 6-8）。

育婴院建筑的主要特征集中在立面上的拱廊部分。拱廊由科林斯式和上部的半圆拱构成，拱廊部分的顶棚采用垂拱形式，用铁条克服侧推力，上部的窗顶采用希腊式山花。建筑整体构图轻快开敞，在趣味上显示了向古罗马时代的回归，是早期文艺复兴风格的标志性作品（图 6-9）。

图 6-8 育婴院拱廊（肖涛 绘）

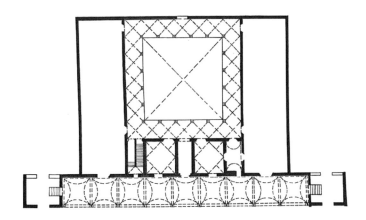

图 6-9 育婴院平面图（肖涛 绘）

6.3.5 美第奇府邸（1430—1444 年）

15 世纪 30 年代，佛罗伦萨的经济开始衰落，美第奇家族建立了独裁政权。文艺复兴的新文化转向书斋和宫廷，呈现贵族色彩，大量的豪华府邸迅速建立起来。这些府邸一反市民建筑的清新明快，而崇尚威严高傲的气势。为了追求壮观的形式，仿照中世纪佛罗伦萨老市政厅的样子，全用粗糙的大石块砌筑，非常沉重封闭。但细部处理得很精致，底层的大石块只略经粗凿，表面起伏达 20 米；二层的石块虽然平整，但砌缝仍有 8 厘米宽；三层光滑而不留砌缝。底层的窗台很高，勒脚前有一道凸台，给守卫的亲兵们坐，反映城市内部尖锐的斗争。为了求得壮观的形式，沿街立面是屏风式的，将近 27 米高，檐口挑出 1.85 米，同内部房间的实用需要很不协调。（图 6-10）。

它的内院底层的四周都是 3 开间的宽大的连续券廊，形式轻快，但柱子粗壮，以求与外立面相呼应。院内正面柱廊前立着雕刻家唐纳泰罗做的尤迪斯像（图6-11）。

图6-10　美第奇府邸（曹思敏 绘）

图6-11　美第奇府邸内院（王俊程 绘）

6.3.6 圣弗朗西斯科教堂（1447年）

莱米尼城的圣弗朗西斯科教堂，平面是拉丁十字式的，正立面巧妙地采用古代罗马凯旋门的样式。在这种探索中，阿尔伯蒂很有创造性地设计了立面，在尊重古典柱式的基础上突出个性，有别于中世纪的行会工匠做法。他给新建筑潮流以理论的说明，并且借鉴古人著作，总结实践经验，对建筑学本身进行了系统的深入研究，探讨了各种构图的规律，制定了柱式及其组合的量化法则，对建筑的发展起着重大的作用（图 6-12）。

图 6-12 圣弗朗西斯科教堂（曹思敏 绘）

6.3.7 法尔尼斯府邸（1520—1580年）

法尔尼斯府邸位于罗马，为典型的盛期文艺复兴府邸，是手法主义大师小桑伽洛的杰作，后由米开朗基罗进行改建。府邸采用巴西利卡形制，为封闭的四合院，平面有明显的主轴和次轴线，布局整齐，内院 24.7 米宽，周围环有三层重叠的券柱式围廊，分别采用不同形式的壁柱、窗裙墙和窗楣天花，像古罗马大角斗场立面的构图，形式很壮观（图 6-13）。

法尔尼斯府邸采用三层石砌结构。第一层采用"尼尔林万式窗户"，该式窗户是米开朗基罗创造的一种样式。二层窗檐交替三角形与弧形，科林斯式立柱使每扇窗户看起来都像是罗马时期建筑的大门。米开朗基罗为这座建筑加上了气派的屋檐，并改变内部的结构。重新设计的入口处加建一个观礼台，并把法尔尼斯家族的盾形纹章放置于观礼台上方。法尔尼斯府邸厚重的立面效果和冷峻庄严的入口，一直提示着法尔尼斯家族显赫的地位（图6-14）。

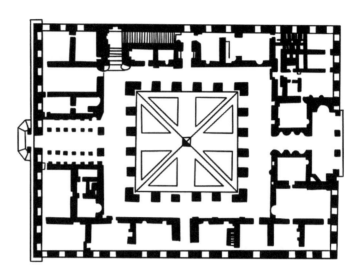

图6-13　法尔尼斯府邸平面图（曹芳源 绘）

图6-14　法尔尼斯府邸立面图（曹芳源 绘）

6.3.8　教皇庇护四世别墅（1559—1562年）

教皇庇护四世别墅位于梵蒂冈花园中，是文艺复兴手法主义的代表作品。它追求新颖尖巧，堆砌壁龛、雕塑、涡卷等，追求诡谲的光影、不安定的体形和不合结构逻辑的起伏断裂或错位。用毫无意义的壁柱、假窗、线脚等在立面上做虚假的图案，檐部和山墙几经曲折，券顶龙门石意外地向下滑动，弧形的和三角形的山墙套叠在一起。这种倾向由于爱好新异的手法，被称为"手法主义"，体现前期巴洛克风格的倾向。

庇护四世与其他多位文艺复兴时期的教皇一样，享受世俗生活，喜欢高雅艺术。1559 年升任主教后，延续保罗四世工程，在教皇宫西侧花园中建造别墅和观景台。建筑分为三层，入口立面对称布局，用塔司干柱式划分为凹廊，二层用弧形、方形做假窗套，层间用宽厚的线脚水平分隔，墙身饰以繁杂的浮雕，表现出强烈的装饰性（图 6-15）。

图 6-15　教皇庇护四世别墅（曹思敏　绘）

6.3.9　坦比哀多（1507—1510 年）

坦比哀多即圣彼得小教堂，是意大利文艺复兴建筑的纪念性风格的典型代表，为纪念圣彼得殉教所建，设计者是伯拉孟特。它建造在甲尼可洛山腰部的一座圣彼得教堂（15 世纪重建）的侧院里，这是一座集中式的圆形建筑物，教堂外墙面直径 6.10 米，周围一圈多立克式的柱廊，16 根柱子，高 3.6 米。有地下墓室。集中式的形体、饱满的穹顶、圆柱形的神堂和鼓座，外加一圈柱廊，使它的体积感、完整性很强，完全不同于 15 世纪上半叶佛罗伦萨偏重于一个立面的建筑。建筑物虽小，但有层次，有多种几何体的变化，有虚实的映衬，构图很丰富。环廊上的柱子经过鼓座上壁柱的接应，同穹顶的肋相首尾，从下而上，一气呵成，浑然完整，雄健刚劲（图 6-16）。

坦比哀多为圆形平面的集中式布局，以古典围柱式神殿为蓝本，上盖呈半球形。平面由柱廊和圣坛两个同心圆组成，柱廊由多立克柱式组成，立面由两个精细不同的圆筒形构成。柱廊的宽度等于圣坛的高度。这种造型是典型的早期基督教为殉教者所建的圣祠的基本形式。伯拉孟特在这里所追求的不是简单地模仿古代建筑，而是在精神气质上创造出与古典建筑具有同等意义的现代纪念性建筑，但他超越了古人，因此这座建筑可被称为文艺复兴盛期的纲领性作品，可谓建造新圣彼得大教堂的先声。这座建筑物的形式，特别是以高居于鼓座之上的穹顶统率整体的集中式形式，在西欧是前所未有的大幅度的创新，当时就赢得了很高的声誉，对后世有很大的影响。坦比哀多大多用在大型公共建筑的中央，构成城市的轮廓线，从欧洲到北美，到处都有它的仿制品（图 6-17）。

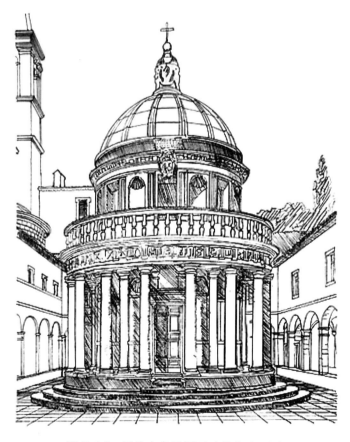

图 6-16　坦比哀多透视图（杜晓燕 绘）

图 6-17　坦比哀多剖面图（杜晓燕 绘）

6.3.10　劳伦齐阿纳图书馆门厅（1523 年）

　　劳伦齐阿纳图书馆又名美第奇劳伦齐阿纳图书馆，位于圣洛伦佐教堂旁边。这一系列的建筑都是美第奇家族出资修建的。它是一栋形式繁复的"手法主义"建筑。米开朗基罗利用现有地段的条件创造出一个非同寻常的空间效果。入口处的门厅面积很小，但非常高，大部分空间被楼梯占据。楼梯像瀑布一样从藏书室的门口倾泻下来。室内墙面的处理像是把宫廷外墙翻转向内设置，每扇窗户间有壁柱加以分隔。内部设有走廊、读经台，读经台的背后连着座椅。当阳光从这些真正的窗户中射进来时，室内便呈现出壮丽辉煌的效果（图 6-18）。

图 6-18　劳伦齐阿纳图书馆门厅（曹思敏　绘）

6.3.11　潘道菲尼府邸（1516—1520 年）

佛罗伦萨潘道菲尼府邸有两个院落，主要院落的建筑为二层，外院的建筑为一层。在沿街立面上，二层部分用大檐口结束，一层部分的檐部和女儿墙是二层部分的分层线脚和窗下墙的延续，两部分的主次清楚，联系却很好。墙面是抹灰的，没有用壁柱。窗框精致，同简洁的墙面对比，清晰可见。墙角和大门周边的重块石，更衬托了墙面的细致柔和。由于水平分划强，窗下墙和分层线脚上都有同窗子相应的定位处理，建筑物显得很安稳（图 6-19）。

图 6-19　潘道菲尼府邸（曹思敏　绘）

6.3.12　罗马卡比多市政广场（1540—1644年）

卡比多市政广场主建筑物是参议院（现今为罗马市政厅的一部分），它的立面经过米开朗基罗的调整，造了一座钟塔。广场一侧是档案馆（建于1568年，今为雕刻馆），另一侧是博物馆（建于1655年，也叫新宫，今为绘画馆）。它们的立面尺度和谐、雄健有力。广场正中为罗马皇帝马库斯-奥瑞利斯骑马青铜像，由地面的几何图案把它统一在建筑群的构图中（图6-20）。

图6-20　卡比多市政厅（曹思敏 绘）

卡比多广场建在罗马行政中心的卡比多山上，呈对称的梯形，前沿完全敞开，以大坡道登山，广场背后则是古罗马的罗曼努姆广场遗址（图6-21）。

6.3.13　威尼斯圣玛利亚教堂（1630—1687年）

威尼斯圣玛利亚教堂为巴洛克风格建筑。16世纪中叶，在意大利盛期文艺复兴建筑浪潮中，威尼斯的建筑受到影响，也发生了很大的

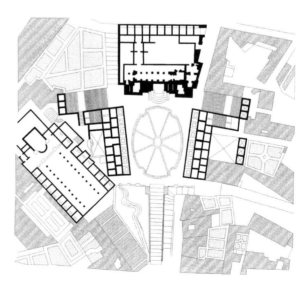

图6-21　卡比多市政广场平面图（谢文丽 绘）

变化。圣玛利亚教堂雄伟刚劲，强调体积和光影，严谨的柱式控制了内外的构图。内外均用大理石贴面，组成装饰图案，犹如锦缎，华美愉悦。在浅色墙上做深色的纯装饰性的壁柱、券面、檐部，形态轻盈（图6-22）。

图 6-22　圣玛利亚教堂（龚文雅 绘）

6.3.14　威尼斯文特拉米尼府邸（1481 年）

威尼斯文特拉米尼府邸是威尼斯文艺复兴府邸代表，建筑师为彼得·龙巴都。它和一般府邸一样，平立面均为方形，3 层，高 23.4 米，宽 27.4 米。它用柱式组织了整个立面，柱式规范严谨。但是，开间有活泼的节奏变化，窗子用小柱子一分为二，上端用券和小圆窗组成图案，又有中世纪哥特式建筑的特色，比例和谐，细部精致。文特拉米尼府邸的立面梁柱框架很凸出，加以开间宽阔，被窗户占满，阳台通长，立面显得轻盈明朗（图6-23）。

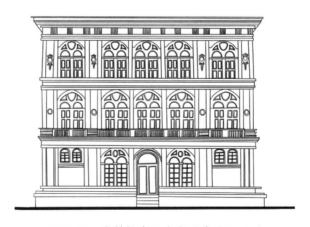

图 6-23　文特拉米尼府邸（曹芳源 绘）

6.3.15 圣马可学校（1485—1495 年）

意大利威尼斯圣马可学校由文艺复兴大师彼得·龙巴都设计，墙面用壁柱分划，构图自由。一共 6 个开间，分两组处理，主次各自对称，在柱间上开门。受拜占庭风格的影响，檐部和大门上采用半圆的山花，一些装饰题材同圣玛利亚·密勒可里教堂正面的一样。最特别的是在两个门的左右两个开间里，墙上画有透视很深远的壁画，以建筑物为题材，有一头雄狮欲从里面走出，稚拙而生动（图 6-24）。

图 6-24　圣马可学校（曹思敏 绘）

6.3.16 鲁切拉府邸（1446—1451 年）

鲁切拉府邸是一幢三层楼带院落的古典宫苑式建筑，由阿尔伯蒂设计建造，立面模仿罗马大竞技场，分三层，均用粗面毛石砌筑，即用结晶细密的砂石砌成，从底部到顶部分别采用多立克、爱奥尼和科林斯壁柱式，比例都经过仔细计算，每层都有水平向线脚，在建筑顶部设计了一个向外凸出的檐口，遮住屋顶，这成为文艺复兴建筑的一大特色，赋予府邸整体的轮廓（图 6-25）。

图 6-25　鲁切拉府邸（曹思敏　绘）

6.3.17　圣马可图书馆（1536—1553 年）

圣马可图书馆位于意大利威尼斯的圣马可广场，为 16 世纪的建筑，是著名建筑师珊索维诺的杰作。建造时，珊索维诺选择了一个狭长的地带修建。圣马可图书馆被认为是盛期文艺复兴建筑中最壮丽的作品。

圣马可图书馆平行于总督府，东侧面对大运河。它长 83.8 米，底层有敞廊，可供广场的公共活动使用，后面为商店。二层为图书馆，其中阅览大厅长 27 米、宽 11.3 米，其余的房间零乱狭小，没有形成公共图书馆的特有形制。为了和总督府建筑风格相协调，图书馆的立面采用上下两层 21 间连续的券柱式拱廊，开间 3.68 米，敞朗壮丽（图 6-26）。

立面上用圆形壁柱，其中二层的壁柱为爱奥尼柱式。檐壁宽度接近壁柱高的 1/3，装饰有浮雕和通气孔，为了避免过于沉重，在檐壁上开了横窗，做了凸出的高浮雕。檐口之上的镂空栏杆、栏杆上的雕像和四角的方尖碑，使建筑物的轮廓与天空虚实交错，形成华丽的过渡带。这丰富复杂的天际线使图书馆和圣马可主教堂形象呼应、协调统一（图 6-27）。

图 6-26　圣马可图书馆（张钊　绘）

图 6-27　圣马可图书馆局部（王俊程　绘）

6.3.18　维琴察巴西利卡（1444—1549 年）

维琴察是帕拉第奥的故乡，占市政广场整整一个东南面的巴西利卡是帕拉第奥的重要作品之一。早在 1444 年，其中央的哥特式大厅（52.7 米 ×20.7 米）就已经建成。1549 年，帕拉第奥受委托改造它，增建了楼层，并在上下层都加了一圈外廊。这座建筑是给城市贵族开会并充当法庭用的。外廊开间宽 7.77 米，底层高 8.66 米。结构是十字拱，因此每间可有一个券。但开间比例不适合古典的券柱式的传统构图（图6-28）。

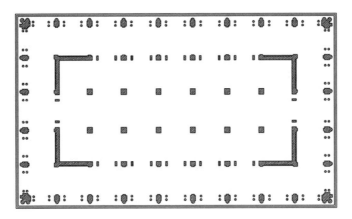

图6-28　维琴察巴西利卡平面（龚文雅 绘）

帕拉第奥大胆创新，在每间中央按适当比例发一个券，而把券脚落在2根独立的小柱子上。小柱子距大柱子1米多，上面架着小额枋。于是，每个开间里有了3个小开间，2个枋夹着一个发券，而以发券的为主。在小额枋之上、券的两侧各开一个圆洞。这个构图，虚实互生，有无相成，彼此穿插，各自形象完整；整体以方开间为主，开间里以圆券为主，方圆对比丰富，有层次、有变化；小柱子和大柱子也形成了尺度的对比，构思明确，两套尺度并不紊乱。这种构图是柱式构图的重要创造，以至得名为"帕拉第奥母题"（图6-29、图6-30）。

图6-29　维琴察巴西利卡外观（一）（王俊程 绘）

图 6-30 维琴察巴西利卡外观（二）（王俊程 绘）

6.3.19 维琴察圆厅别墅（1552 年）

圆厅别墅是建在意大利维琴察的一个小山丘上的一座贵族府邸，由建筑师帕拉第奥所设计，他从古希腊、古罗马建筑引出古典美的建筑比例关系，发现了和谐的尺度，具有哲学的智慧，为文艺复兴晚期典型建筑。圆厅别墅布局采用集中式，为正方形平面，中央是一个圆形大厅，四周空间完全对称。这座建筑前后四个立面均相同（图 6-31）。

建筑物建于高台之上，四面均用同样的大台阶通向户外。在门口做门廊，用 6 根爱奥尼柱托着上端的山花。建筑简洁大方，各部分比例匀称，构图严谨。门廊成为室内外过渡的空间，使建筑内部空间过渡到户外花园有和谐感，不显得生硬。

图 6-31 圆厅别墅外观（崔镜哲 绘）

这座别墅最大的特点在于绝对对称。从平面图来看，围绕中央圆形大厅周围的房间是对称的，甚至希腊十字形四臂端部的入口门厅也一模一样。这座建筑与自然环境融为一体，给人一种纯洁、端庄和高贵的美感，富有诗情画意。圆厅别墅对称和谐、风度高雅，具有令人赞叹的力度、比例和纯洁性，同时又具有丰富多彩的灵活性，具有永恒的艺术魅力，成为后世建筑的典范（图 6-32）。

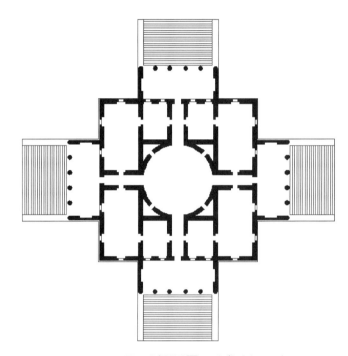

图 6-32　圆厅别墅平面图（崔镜哲 绘）

6.3.20　维琴察奥林匹克剧场（1580—1585 年）

奥林匹克剧场位于意大利北部城市维琴察，由帕拉第奥设计，在他去世后由学生斯卡莫齐（1552—1616 年）主持完成，在剧场的发展史中有重要的意义。它是一个室内剧场，但形制却根据维特鲁威记述的古罗马露天剧场设计，只是把观众席做成半个椭圆形的，以代替半圆（图 6-33）。

观众席逐排升起，坡度很陡，架在木桁架上。乐池在舞台之前，低于观众席第一排座位 1.5 米。舞台背景是固定的，处理成建筑立面，华丽而且雄伟。这个剧场的意义在于它第一个把露天剧场转化为室内剧场，为剧场形制的进一步发展开辟了道路（图 6-34）。

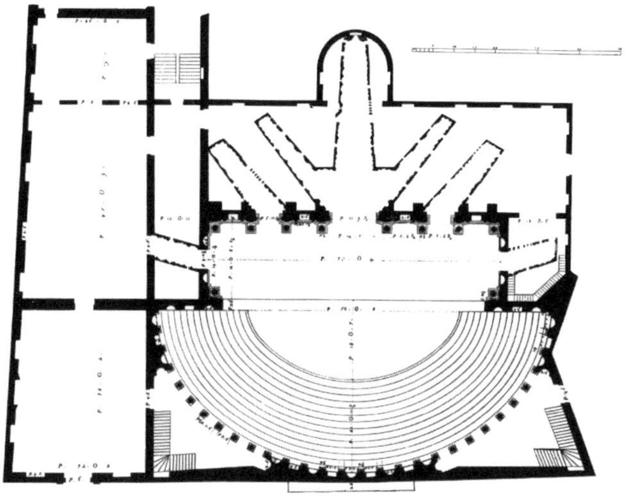

图 6-33　奥林匹克剧场平面图（曹思敏　绘）

图 6-34　奥林匹克剧场内部（曹思敏　绘）

6.3.21　尤利亚三世别墅（1550—1555 年）

教皇尤利亚三世别墅由维尼奥拉设计，位于罗马近郊，深受透视法影响。它摆脱了文艺复兴时期府邸传统四合院形制的限制，建筑物和院落间隔着排列在大约 120 米长的纵轴线上。通过一系列的券门和柱廊，可以看到层层递进的景色，最后是尽端围墙上的一副装饰性的柱式组合。从第一座主体建筑物到最后的柱式组合，体积和尺度都逐个缩小，营造夸张虚幻的深远景象。第一进院落两侧照壁式的墙上砌出建筑列柱的样子。别墅的地段本来很狭窄，经过这样的处理，仿佛扩大了它的纵深（图 6-35）。

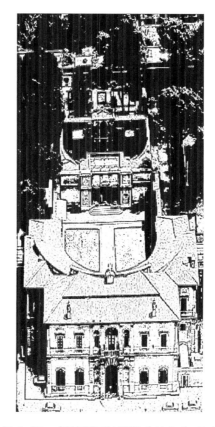

图 6-35　尤利亚三世别墅（刘晓燕 绘）

尤利亚三世别墅力求开敞，削弱室内外的界限。这是 16 世纪以来郊外的府邸和别墅的一般趋向。尤利亚别墅的主体建筑物以半圆的体形拥抱第一进 27.5 米宽的马蹄形院落。它的底层是进深 5 米多的半环形敞廊，同院落相互渗透。

尤利亚三世别墅还把地形的高差引到建筑中来。第二进建筑物地面比第一进院子高一些，中间是三开间向第二进院落敞开的大厅，两侧是在高墙荫蔽之下的凉室。从敞厅左右伸出长长的台阶下到第二进院落里去，它们又形成一个半圆，拥抱院落，同第一进相呼应，却不重复。院落中央有一个深深的地坑池，从坑壁可以进入人工的岩洞。洞内有小楼梯供人登上地面。第三进建筑物的中央部分是三开间的小过厅，在它的两翼，有螺旋楼梯供人下到后面正方形的花园里，最后是贴在照壁上的浮雕式柱式组合（图 6-36）。

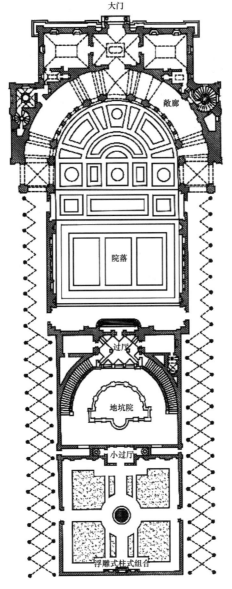

图 6-36　尤利亚三世别墅平面（刘晓燕　绘）

6.3.22　麦西米府邸（1535 年）

　　麦西米府邸的内院规整，明确区分房间的主次，保证主要房间的形状方正，有自然通风和采光，并将不规则的、暗的部分用作楼梯间和储藏室等。通过壁龛遮掩一些重要位置及不规则的部分。虽然场地十分局促，但是在院子的前后都布设敞廊，从而减少了暗套房，改善了内部联系，而且使小小的院子显得并不十分局促。在极困难的条件下，建筑艺术处理得很精细，各方面力求完整丰富（图 6-37）。

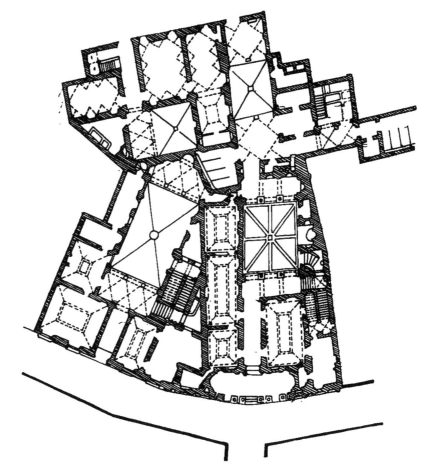

图 6-37　麦西米府邸平面图（刘晓燕 绘）

　　麦西米府邸是意大利文艺复兴晚期代表建筑之一，由帕鲁齐设计，建筑师在灵活考虑功能基础上，将建筑平面、空间和艺术形式一起做了完整、细致的处理。

　　麦西米府邸位于罗马市中心一个很不规则的、狭窄的三角形地形中，正面临街转弯处有一段弧形。它包括麦西米兄弟两家的住宅，帕鲁齐将用地大致纵向均分后，每户的用地变得狭长，加之平面轮廓复杂，很难按照传统的方式去利用。帕鲁齐巧妙地通过给每户布置内院和杂务院，内院置于前而杂务院在后，占用轮廓最复杂的部分，并设置后门出入口，从而优化内部空间，有效地化解了地形不利的因素（图 6-38）。

图 6-38　麦西米府邸内院透视图（刘晓燕 绘）

6.3.23　道利亚府邸（16 世纪）

　　道利亚府邸是四合院式的，内院尺寸为 10.8 米 ×18.6 米，周围房屋两层，纵轴明确。它的主要特点是：首先，有严格的正方形结构格网，开间和进深都服从它们，布局简洁整齐。这是早期和盛期的府邸都没有的。其次，顺应地形。前后分几个高程，在门厅里设大台阶，登上台阶方才是院子前沿的廊子。院子后面，轴线的末端设一个双跑对分的大楼梯，它的休息平台上有门，向后通花园。罗马的别墅，不同的高程表现为几个台地，而道利亚府邸却把它们放在建筑物里面（图 6-39）。再次，空间开敞。把处理高程变化的大台阶、大楼梯放在中央，充分利用它们固有的形体和高度变化，作为重要的建筑构图要素。通过开敞的台阶和楼梯，上下层的空间交流穿插，层次丰富（图 6-40）。最后，楼上楼下，沿内院都有一圈外廊，房间联系便利。而在佛罗伦萨和罗马的府邸里，既无外廊又无内廊，套间很多。

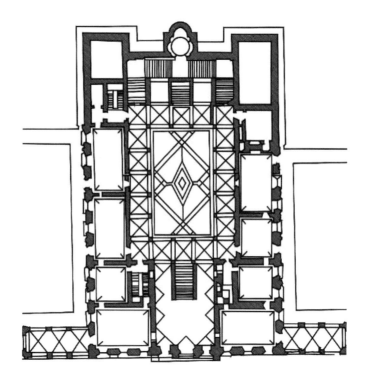

图 6-39　道利亚府邸平面图（刘晓燕　绘）

图 6-40　道利亚府邸楼梯（刘晓燕　绘）

6.3.24　安农齐阿广场（1470—1477年）

　　佛罗伦萨的安农齐阿广场是文艺复兴早期最完整的广场。其平面是矩形，宽大约60米，长大约73米，在长轴的一端是初建于13世纪的一座安农齐阿教堂。它的左侧是伯鲁涅列斯基设计的育婴院，轻快的券廊形成了广场的立面。后来，阿尔伯蒂改造了教堂的立面（1470—1477年），给它增加7开间的券廊，同育婴院的立面一致。1518年左右，在广场的右侧造了一所修道院，立面重复育婴院的形态。于是，安农齐阿广场的三面都是券廊，建筑风貌单纯完整，尺度宜人，平易亲切。在广场中央增加一对喷泉和一座斐迪南大公的骑马铜像，强调了总轴线，使得广场地位有所加强（图6-41）。

图6-41　安农齐阿广场（王俊程 绘）

6.3.25　圣马可广场（始建于9世纪）

　　圣马可广场是威尼斯的中心广场，被誉为欧洲最美的城市客厅，一直是威尼斯的政治、宗教和传统节日的公共活动中心。广场始建于9世纪，从最初的一座小型广场扩建至现在的规模。它是由三个梯形组成的复合广场，中心建筑是圣马可教堂，主广场在教堂的正面，封闭式，长175米，东边宽约90米，西侧宽约55米，次广场在南面，开向亚德里亚海，南端的两根柱子划定广场与海面的界线。圣马可广场四周的建筑涵盖中世纪到文艺复兴时期，由威尼斯总督府、圣马可图书馆、圣马可大教堂、钟楼、行政官邸大楼、拿破仑翼大楼等建筑组成（图6-42）。

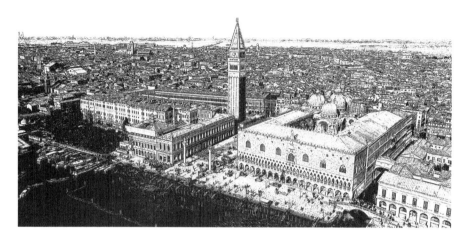

图 6-42　圣马可广场（王俊程 绘）

6.3.26　圣马可教堂（829—1071 年）

圣马可教堂位于威尼斯圣马可广场东侧，始建于 829 年，重建于 1043—1071 年。它曾是中世纪欧洲最大的教堂，是威尼斯建筑艺术的经典之作，是融合了拜占庭式、哥特式、伊斯兰式、文艺复兴式各种流派于一体的综合艺术杰作（图 6-43）。

图 6-43　圣马可教堂（王婉霓 绘）

教堂建筑遵循拜占庭风格，平面呈希腊十字形，上覆盖 5 座半球形穹顶，采用帆拱的构造，类似圣索菲亚大教堂的形态（图 6-44）。教堂正面长 51.8 米，有 5 座罗马拱券式透视门，华丽装饰源自巴洛克风格。顶部有东方式与哥特式尖塔及各种大理石塑像、浮雕与花形图案。

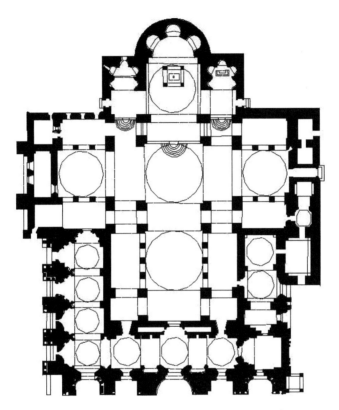

图 6-44　圣马可教堂平面图（王婉霓 绘）

6.3.27　佛罗伦萨圣玛利亚·诺维拉教堂（1448—1470 年）

圣玛利亚·诺维拉教堂位于佛罗伦萨，由文艺复兴大师阿尔伯蒂设计，在立面的构成方面，罗马风时代的圣弗朗西斯科教堂似乎是设计灵感的来源，同时借鉴了古罗马凯旋门的形式。正立面山墙的曲线形山花可以看成是圣弗朗西斯科教堂立面的延续。建筑师在立面构成上灵活运用了以正方形、圆形为基本形态的构图法则。由于是对原有教堂的改建，室内部分保持了原来的哥特式风格。它借鉴了古罗马凯旋门的形式，立面比例尝试用正方形和圆来控制，立面上的许多图案成为它的一个特色（图 6-45）。

图 6-45　圣玛利亚·诺维拉教堂（曹思敏　绘）

6.3.28　圣彼得大教堂（1506—1626 年）

　　圣彼得大教堂是位于梵蒂冈的一座天主教宗教圣殿，也是意大利文艺复兴最伟大的纪念碑，伯拉孟特、米开朗基罗和小桑迦洛等艺术大师们均参与设计与施工。圣彼得大教堂的建筑风格具有明显的文艺复兴时期提倡的古典主义形式，主要特征是罗马式的圆顶穹隆和希腊式梁柱相结合（图 6-46）。

图 6-46　圣彼得大教堂（一）（曹思敏　绘）

大教堂占地 2.3×10^4 平方米，可容纳超过 6×10^4 人，平面为拉丁十字式，中央是直径 42 米的穹顶，顶高约 138 米。大教堂的外观宏伟壮丽，正面宽 115 米，高 45 米，以中线为轴两边对称，8 根圆柱对称立在中间，4 根方柱排在两侧，柱间有 5 扇大门，2 层楼上有 3 个阳台，中间的一个叫祝福阳台，平日里阳台的门关着，重大的宗教节日时教皇会在祝福阳台上露面，为前来的教徒祝福。教堂的平顶上正中间站立着耶稣的雕像，两边是他的 12 个门徒的雕像一字排开，高大的圆顶上有很多精美的装饰（图 6-47）。

图 6-47　圣彼得大教堂（二）（曹思敏 绘）

人文主义者和教会都要求按照自己的世界观来塑造这座大教堂，这场争夺的过程生动地反映了意大利文艺复兴的曲折。人文主义者认为正方形和圆形是最完美的几何形式，追求理想的、普遍性的美，是意大利文艺复兴时期进步的美学思想的一个基本特点。

教堂最初是由君士坦丁大帝于 326—333 年在圣彼得墓地上修建的，称老圣彼得大教堂（拉丁十字式），于 333 年落成。1503 年教皇犹利二世决定重建圣彼得大教堂，要求新教堂超过最大的古代异教庙宇——万神庙。1505 年经过竞赛评选，伯拉孟特的方案被选中。他设计的方案是希腊十字式的，四臂等长，四角有十字式空间。外侧是 4 个方塔，4 个立面相同，鼓座有一圈柱廊，形似坦比哀多。教堂极其宏大壮丽，但忽视了祭坛位置、举行仪式、四角空间的利用等功能，而着力塑造为一座时代的丰碑（图 6-48）。

在教皇的要求下，拉斐尔舍弃了伯拉孟特的集中式形制，设计了拉丁十字式的新方案。拉丁十字式形制象征着耶稣基督的受难，最适合天主教的仪式，富有宗教气氛，同时，它代表天主教黄金般极盛时期中世纪的传统。拉斐尔在教堂西部增加一个长度达 120 米的巴西利卡，削弱了穹顶的突出地位，将西立面塑造成最主要的形象面。

　　受 1517 年在德国爆发的宗教改革运动和 1527 年西班牙军队占领罗马的影响，工程停工数十年，直到 1534 年重新动工。负责人帕待齐想将它恢复为集中式，但没有成功。1536 年，迫于宗教压力，新的主持者小桑迦洛在整体维持拉丁十字式的基础上，巧妙地使东部更接近伯拉孟特的方案，而在西部，又以一个较小的希腊十字式代替拉斐尔设计的巴西利卡。这样，集中式的形体仍占优势。

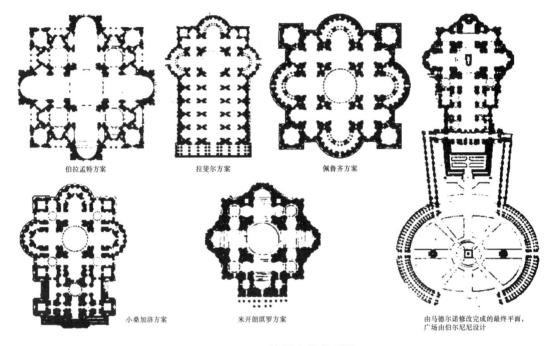

图 6-48　圣彼得大教堂平面

　　1547 年，米开朗琪罗抱着"要使古代希腊和罗马建筑黯然失色"的雄心壮志着手工作。作为文艺复兴运动的伟大代表，米开朗琪罗抛弃了拉丁十字形制，基本上恢复了伯拉孟特设计的平面，加大支承穹顶的 4 个墩子，简化四角的布局，在正立面设计了 9 开间的柱廊。1564 年，维尼奥拉设计了四角的小穹顶，引进了拜占庭建筑的因素。

　　此后风云突变，损害全欧洲的封建势力和天主教会联合起来对新兴资产阶级的宗教改革运动和文艺复兴运动进行了镇压。16 世纪中叶，以重新燃起中世纪式信仰为目的的天主教特伦特宗教会议规定，天主教堂必须是拉丁十字式的，维尼奥拉设计的罗马耶稣会教堂被当作推荐的榜样。17 世纪初年在极其反动的耶稣会的压力之下，教皇命令建筑师玛丹纳拆去已经动工的米开朗琪罗设计的圣彼得大教堂的正立面，在原来的集中式希腊十字形之前又加了一段 3 跨的巴西利卡式的大厅。于是，圣彼得大教堂的内部空间和外部形体的完整性都受到严重的破坏，标志着意大利文艺复兴建筑的结束。

6.3.29 罗马耶稣会教堂（1568—1602年）

意大利文艺复兴晚期著名建筑师和建筑理论家维尼奥拉设计的罗马耶稣会教堂是由手法主义向巴洛克风格过渡的代表作，也被称为第一座巴洛克建筑。教堂立面借鉴早期文艺复兴建筑大师阿尔伯蒂设计的佛罗伦萨圣玛利亚小教堂的处理手法。正门上面分层檐部和山花做成重叠的弧形和三角形，大门两侧采用了倚柱和扁壁柱。立面上部两侧做了两对大涡卷。这些处理手法别开生面，后来被广泛仿效（图6-49）。

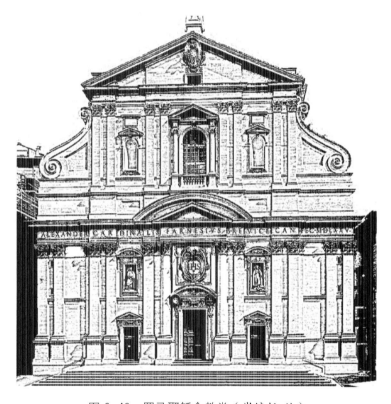

图6-49　罗马耶稣会教堂（崔镜哲 绘）

手法主义是16世纪晚期欧洲的一种艺术风格。其主要特点是追求怪异和不寻常的效果，如以变形和不协调的方式表现空间，以夸张的细长比例表现人物等。建筑史中，手法主义则用以指1530—1600年间意大利某些建筑师的作品中体现前期巴洛克风格的倾向。

罗马耶稣会教堂平面为长方形，端部凸出一个圣龛，由哥特式教堂惯用的拉丁十字形演变而来，中厅宽阔，拱顶满布雕像和装饰。两侧用两排小祈祷室代替原来的侧廊，十字正中升起一座穹隆顶（图6-50）。

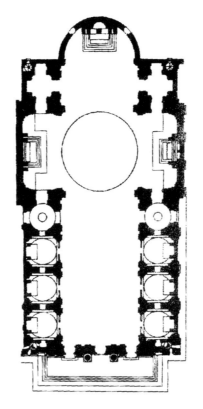

图 6-50　罗马耶稣会教堂平面图（崔镜哲 绘）

巴洛克风格打破了对古罗马建筑理论家维特鲁威的盲目崇拜，也冲破了文艺复兴晚期古典主义者制定的种种清规戒律，反映了向往自由的世俗思想。另外，巴洛克风格的教堂富丽堂皇，而且能造成相当强烈的神秘气氛，也符合天主教会炫耀财富和追求神秘感的要求。因此，巴洛克建筑从罗马发端后，不久即传遍欧洲，以至远达美洲。有些巴洛克建筑过分追求华贵气魄，甚至到了烦琐堆砌的地步。

6.3.30　圣文森佐教堂（1646—1650 年）

意大利圣文森佐教堂，由建筑师马丁诺·隆吉设计，是巴洛克风格建筑，采用耶稣会教堂立面模式，但修辞手法更见出奇制胜。柱式被当作纯粹的装饰而完全不顾结构逻辑，采用 3 根科林斯式独立柱为一组的自由柱式组合。顶部三重断山花嵌套在一起，大三角形、小三角形和弧形山花逐层向前凸出以强调中轴线。繁复的雕饰不受建筑框架的限制，渗透到建筑中，与建筑融为一体（图 6-51）。

教堂采用了直线形层层叠出的方式。两层的立面靠近入口处，在平面上逐次向外侧推出，根据此原则，檐壁和顶部的额墙就形成了多层重叠的外观。檐壁和顶部的额墙的中央被打断，插入集中装饰，檐壁中央为贝壳状装饰，顶部的额墙中央是动感很强的天使雕像。

图 6-51　圣文森佐教堂（刘晓燕 绘）

6.3.31　圣卡罗教堂（1638—1667 年）

圣卡罗教堂是巴洛克风格建筑，建筑立面的轮廓为波浪形，中间隆起，基本构成方式是将文艺复兴风格的古典柱式即柱、檐壁和额墙在平面上和外轮廓上曲线化，同时添加一些经过变形的建筑元素，例如变形的窗、壁龛和椭圆形的圆盘等。教堂的室内大堂为龟甲形平面，坐落在垂拱上的穹顶为椭圆形，顶部正中有采光窗，穹顶内面上有六角形、八角形和十字形格子，具有很强的立体效果。室内的其他空间也同样，在形状和装饰上有很强的流动感和立体感（图 6-52）。

图 6-52　圣卡罗教堂（谢文丽　绘）

6.3.32　保拉喷泉（1612年）

封丹纳（1543—1607年）曾经受教皇西斯都五世委托对罗马城规划改建，主要是修直街道，建造广场和喷泉。保拉喷泉为 5 拱券柱式凯旋门样式，分为上下两部分，上部为厚重檐口，两侧有弧形山花，下部中央为大三拱，两侧各一个小单拱，爱奥尼柱式坐落于高基座之上，柱身无凹槽，拱内嵌入喷泉雕塑装水池，清泉四射，建筑倒影于水纹上，闪烁而波光潋滟，这和巴洛克艺术追求形体光影的变幻、形体的动感是完全一致的（图 6-53）。

图 6-53　保拉喷泉（曹思敏　绘）

6.3.33 圣彼得广场（1656—1667年）

圣彼得广场位于圣彼得大教堂前，是罗马最大广场，为巴洛克风格，由贝尔尼尼设计，可容纳50万人，是罗马教廷用来从事大型宗教活动的地方，坐落在台泊河西岸。由于梵蒂冈国界除圣彼得广场外均以城墙为界，广场前面有一条灰石铺成的国界线（图6-54）。

广场略呈椭圆形，地面用黑色小方石块铺成。两侧由两组半圆形大理石柱廊环抱，这两组柱廊为梵蒂冈的装饰性建筑，共由284根塔司干圆柱和88根方柱组合成四排，柱高18米，形成三个走廊（图6-55）。

图 6-54 圣彼得广场（曹思敏 绘）

图 6-55 圣彼得广场柱廊

6.3.34 纳沃那广场（1656—1667年）

纳沃那广场为封闭式广场，建造在古罗马的杜米善赛车场（建于86年）遗址上，平面呈长圆形。广场中央的一座喷泉，由伯尼尼设计，名叫"四河喷泉"，中央立着杜米善皇帝从埃及掠夺来的方尖碑，碑下有四尊人像，分别代表多瑙河、恒河、尼罗河和普拉特河，它们又是欧洲、亚洲、非洲和美洲的代表。四尊人像动态强、轮廓复杂，稍稍变换观赏角度，就会有很大的不同，体现着巴洛克式雕塑的基本特点。雕刻、喷泉和波动的教堂的正面，一起构成了欢快的场景。整个广场完全避开了城市交通，是人们散步休息的场所，生活气息浓郁（图6-56）。

广场一个长边上建有圣阿涅斯教堂（1653—1657年），由波洛米尼设计。集中式布局，左右有钟塔，使立面展开，弯曲而进退幅度大，同广场很好地融合一体。一对钟塔夹着高耸的中央穹顶，形态饱满，轮廓生动有力（图6-57）。

图6-56　纳沃那广场（曹思敏 绘）

图 6-57 圣阿涅斯教堂（曹思敏 绘）

6.3.35 西班牙大台阶（1723—1725 年）

西班牙大台阶是位于意大利罗马的一座户外阶梯，与西班牙广场相连接，而山上天主教圣三一教堂就位于西班牙大台阶的顶端。台阶是 1725 年由法国资助修建的。西班牙大台阶无疑是全欧洲最长与最宽的阶梯，总共有 138 阶。17 世纪时，西班牙大使馆迁移于此，大台阶及其广场因此而得名（图 6-58）。

图 6-58 西班牙大台阶（曹思敏 绘）

6.3.36 卡里尼阿诺府邸（1680 年）

卡里尼阿诺府邸位于都灵城，由建筑师迦里尼设计。它以门厅为整个府邸的水平交通和垂直交通的枢纽，在建筑平面处理上是很有意义的进步。它的门厅是椭圆的，有一对完全敞开的弧形楼梯靠着外墙，楼梯造成门厅里上下层空间复杂的交融变化，富于装饰性，标志着室内设计水平的提高。立面中段出现波浪式的曲面，屋顶中间曲线山花冲出水平向檐口，墙面和形体呈现很强的流动性（图 6-59）。

图 6-59　卡里尼阿诺府邸（曹思敏 绘）

6.3.37 阿尔多布兰迪尼府邸（1598—1603 年）

阿尔多布兰迪尼府邸是教皇克雷芒八世的侄子主教阿尔多布兰迪尼的夏季别墅，府邸因此而得名。先由建筑师波尔塔在 1598 年开始建造，直到 1603 年由建筑师多米尼基诺完成，水景工程由封塔纳和奥利维埃里负责。府邸坐落在半山腰的弗拉斯卡迪小镇上，西北距离罗马约 20 千米（图 6-60）。

图 6-60　阿尔多布兰迪尼府邸（曹思敏 绘）

　　阿尔多布兰迪尼府邸在布局上共有三层台地，以强烈中轴线贯穿全园，最重要的设施和景物都在这条中轴线上。处理手法由人工逐渐趋向自然，使全园的中轴线逐渐融入大片自然的山林中。府邸作为全园的核心，前半段以林荫大道为主，作为府邸前景的喷泉广场精雕细琢，成为中轴上的一个景观高潮，在林荫道与府邸建筑之间起到转承过渡的作用（图6-61）。

图 6-61　阿尔多布兰迪尼府邸远景（曹思敏 绘）

阿尔多布兰迪尼府邸内部有个水剧场，水剧场里有华丽精巧的壁龛、雕像、泉池，结合跌水产生音响效果，在花草树木的点缀下产生丰富多变的空间效果，构成全园景色的高潮（图6-62）。

图 6-62　阿尔多布兰迪尼府邸喷泉（曹思敏　绘）

6.3.38　特雷维喷泉（1732—1762 年）

特雷维喷泉（许愿池）位于意大利罗马的三条街交叉口，因为喷泉前面有三条道路向外延伸，"特雷维"就是三岔路的意思。特雷维喷泉是罗马最后一件巴洛克式建筑艺术杰作，是罗马境内最大的也是知名度最高的喷泉，也因此成为罗马的象征之一（图6-63）。

特雷维喷泉总高 25.9 米，宽 19.8 米，是全球最大的巴洛克式喷泉。池中有一个巨大的海神波塞冬雕像，驾驭着马车，四周环绕着西方神话中的诸神，每一个雕像神态都不一样，诸神雕像的基座是一片看似零乱的海礁。喷泉的主体在海神的前面，泉水由各雕像之间、海礁石之间涌出，流向四面八方，最后又汇集于一处。背景建筑是一座海神波塞冬宫，背景墙顶部装饰教皇徽章，上面教皇的三重冠象征天堂、人间、地狱，两把天堂的钥匙，中间立着的是海神波塞冬，旁边守护着的则是两位水神。

教皇冠下面站着四位少女，是群雕《四季女神》，分别代表不同季节。左边第一位女神手持水果代表生机盎然的春季，第二位女神手拿麦穗代表金黄的夏季，第三位女神手举葡萄酒代表丰收的秋季，最后一位女神拿着枯萎的树枝代表凋零的冬季。四季女神下面 2 幅浮雕，左边是少女指出地上喷涌出泉水的位置，所以这个喷泉也称

"少女喷泉"。

喷泉建筑完全采取左右对称，中间圆拱门下硕大贝壳之上立有一尊被两匹骏马拉着奔驰的雄壮海神波塞冬塑像。他驾驭着马车并指挥着儿子特里同（特里同上半人形，下半鱼形）控制烈马，左边的狂放不羁，右边的温顺安详，分别象征汹涌与平静。海神像是1762年由雕刻家伯拉奇设计。在海神的左右两边各立有两尊女神；海神左边的女神脚下水罐倾倒，水在流淌寓意富裕；右边的女神右手提着水碗，一条蛇正在畅饮，寓意健康。喷泉主体部位的大理石海神雕像栩栩如生，细微处如海马们拉着的硕大的贝壳，也处理得相当精美（图6-64）。

图6-63　特雷维喷泉（曹思敏 绘）

图6-64　特雷维喷泉局部（曹思敏 绘）

7 法国古典主义建筑

7.1 法国古典主义建筑产生背景（16—18 世纪）

在欧洲文化发展史上，古希腊和古罗马的文化被统称为"古典文化"。历史上，凡是主张回归古希腊和古罗马文化的思想和理念，都可以被称为"古典主义"。事实上，从中世纪开始，欧洲所有的艺术风格都带有古希腊和古罗马文化的烙印，即使是典型的巴洛克和洛可可风格的建筑作品，在建筑的外观和基本结构上，都可以找到古典建筑的影响因子。然而，能够被称为古典主义风格的建筑艺术，通常是将古典建筑奉为神圣的楷模，无论从艺术理念还是表现手法上，都严格遵循古典建筑的规范。17—18世纪兴起于法国的古典主义建筑风格影响巨大，不仅传遍了当时的欧美大陆，而且影响了 19—20 世纪的欧美建筑。

法国是一个具有悠久建筑文化传统的国家，中世纪末期曾创造过哥特式建筑的辉煌历史。15 世纪中叶，法国在经历了英法百年战争之后，科技和商业都有了发展，城市开始迅速扩大，出现了新兴的资产阶级。资产阶级出于发展工商业的利益需求，主张结束封建领主的割据和相互对抗，建立统一的民族国家。15 世纪末到 16 世纪初，法国国王在新兴资产阶级的支持下，实现了国家的统一，并建立了中央集权的专制君主制度。从此，中央政府扶持工商业，建造城市和道路系统，开拓殖民地，发展海外贸易，并且削弱了天主教的神权统治。这一时期，意大利的文艺复兴到了晚期，并且在建筑领域出现了两种不同的发展倾向：一种是强调建筑不能脱离古典柱式的标准规范，这种倾向被称为"学院派"；另一种是力图挣脱古典柱式的教条，追求建筑形式的变化，这种倾向就是以米开朗琪罗为代表的"手法主义"。法国国王作为国家的最高统治者和立法者，为了实现和巩固君主对国家和社会的绝对控制，致力于建立国家和社会的各种法律和规范。在建筑领域，意大利文艺复兴晚期的学院派主张，恰恰符合法国君主政府要求制定国家的统一规范和标准的需要。因而，法国古典主义的源头，可以直接追溯到意大利文艺复兴后期的学院派。

17世纪自然科学的进步，改变了人们对世界的认识与看法。数学、物理学、天文学、力学、化学、生物学和解剖学的发展，不仅正在逐渐形成和建立科学研究的体系，而且也在不断动摇神学对人们思想的禁锢。哲学中出现的理性主义，反映了这个时期科学方法的进步，同时也反映了处于上升时期的君主专制政权所要求的社会政治制度和法律秩序。古典主义是理性主义思维在文化艺术上的表现，同样也代表这个时期法国的宫廷文化。

17世纪中叶到18世纪初是路易十四统治下的专制王权的极盛时期。为了展现古罗马帝国之后最强大的君主专制政体的新秩序，彰显新的专制王权下文化艺术的伟大风格，路易十四专门设立了一批文化艺术学院，而建筑学院成立于1671年。在宫廷文化的倡导和引领下，这些学院的任务之一便是建立和制定严格统一的规范和提出相应的理论。在建筑领域，体现世俗王权和国家秩序的古典主义建筑风格，便成为这个时期建筑艺术发展的主流。

7.2 法国古典主义建筑特点

法国古典主义建筑按历史分期划分可以分为三个时期，即早期（16世纪）、古典时期（17世纪）、晚期（18世纪上半叶与中叶）。

（1）早期（16世纪）

16世纪是法国文艺复兴的过渡阶段。这个时期是法国哥特式建筑向文艺复兴风格的过渡阶段。意大利文艺复兴刚传入法国，因此在建筑特征上表现为传统的法国哥特式做法和文艺复兴的古典形式的结合，将文艺复兴建筑的细部装饰置于哥特式建筑上。建筑形式趋于意大利文艺复兴样式。

建筑以宫殿、府邸和普通市民房屋等世俗性的建筑物为主，教堂退居到很次要的地位。这些建筑的特点是趋于规整，但体形仍然复杂，各部分有自己高耸的屋顶，屋顶高而陡，里面有几层阁楼，老虎窗不断突破檐口，角楼上和凸出来的楼梯间上的圆锥形顶子造成活泼的轮廓线。这些建筑使用了一些哥特式教堂的细部，如小尖塔、壁龛等细部，造成热烈的气氛。

这个时期建筑的代表作品有：阿赛-勒-李杜府邸（1518—1527年）、尚堡府邸

（1526—1544 年）、枫丹白露宫（1528—1540 年）等。

（2）古典时期（17 世纪）

古典时期主要指路易十三和路易十四时期，是法国专制王权的极盛时代，达到文化、建筑艺术发展的高峰。在专制王权统治下，君王通过推崇古典建筑风格来宣扬皇权的至高无上。建筑造型方面表现为庄严、华美、规模宏大，运用古典柱式统一立面构图；内部装饰方面表现为题材丰富，也应用了一些巴洛克的手法。规模巨大而雄伟的宫廷建筑和纪念性的广场建筑群是这时期的典型，特别是帝王和权臣大肆建造离宫别馆、修筑园林，成为当时欧洲学习的榜样。这一时期的宗教建筑地位降低了，只有耶稣会建造了一些规模不大的巴洛克式教堂。

总体上看，法国古典主义的建筑特点可以概况为以下四点：

第一，排斥民族传统和地域特色，恪守古罗马的古典规范，以此作为建筑艺术的基础。

第二，以古典柱式为构图基础。为符合专制政体要在一切方面建立有组织的社会秩序的理想，彰显"逻辑性"，古典主义者反对柱式同拱券结合，主张柱式只能有梁柱结构的形式。

第三，在建筑平面布局、立面造型中造型强调主从关系。突出轴线，讲究对称；提倡富于统一性与稳定性的横三段和纵三段式的立面构图形式；常用半圆形穹顶统率整幢建筑物，成为中心；强调局部和整体之间，以及局部相互之间的正确的比例关系，把比例看作建筑造型中的决定性因素。

第四，在建筑造型上追求端庄宏伟、完整统一和稳定感；室内则极尽豪华，充满装饰性，常有巴洛克特征。

（3）晚期（18 世纪上半叶与中叶）

在路易十五王朝腐朽统治时期，法国的政治、经济、文化逐渐走向衰落。国家性的、纪念性的大型建筑物的建设较 17 世纪显著减少，转而兴起的是大量舒适温馨的城市住宅和小巧别致的乡村别墅。在这些住宅中，豪华的大厅被精致的沙龙和起居室取代。

这一时期，巴黎建筑学院仍然是古典主义的大本营，他们将帕拉第奥的理论奉为经典。著名建筑实例包括协和广场（1755—1772 年），南锡广场（1752—1755 年），巴黎万神庙（1764—1790 年）等。

7.3 法国古典主义的建筑代表性实例

7.3.1 尚堡府邸（1526—1544 年）

尚堡府邸位于罗亚尔河谷，是法国国王弗朗索瓦一世统一全法国之后第一座真正的宫廷建筑，是民族国家的第一座建筑纪念物，同时代表建筑史上一个新时期的开始。

建筑物围成一个长方形的院子，三面是单层的，北面的主楼高 3 层。院子四角均有凸出的圆形塔楼。主楼平面为正方形，每边长度 67.1 米。主楼沿北面外墙向院内三面伸出。主楼每层用一个十字形的空间划分为四个相同的大厅。在十字形的中央，布置二个相对而上的大螺旋楼梯。建筑三面均为外廊式组织房间，房间比较狭小，空间主次明确（图 7-1）。

尚堡府邸的外形抛弃中世纪法国府邸自由式的体形，采取完全对称的庄严布局形式，以表达统一的民族国家的建筑形象和宫殿威严。它采用古罗马柱式来装饰墙面，强调水平线条对立面的分隔，构图比较严谨。四角上布置由碉堡演变而成的圆形塔楼，高耸的四坡顶和塔楼上的圆锥形屋顶，楼梯上空的采光亭，以及众多老虎窗、烟囱等，使它的体形富于变化，屋顶轮廓线极其复杂，散发着中世纪城堡的韵味。

图 7-1　尚堡府邸（曹思敏 绘）

7.3.2 阿赛-勒-李杜府邸（1518—1524 年）

　　阿赛-勒-李杜府邸是罗亚尔河谷最美的府邸之一。它在罗亚尔河一条支流中的小岛上，曲尺形的平面，三面临水。临水的立面相当简洁，大体量的几何形很明确、对称，稍稍突出中轴线，与中世纪府邸很不相同。分层线脚和出挑很大的檐口所造成的水平分划使它同恬静的河流十分协调。突破檐口的老虎窗、圆形的角楼和它们的尖顶，又以垂直的形体同主体造成俏丽的对比，使府邸显得活泼，使周围景色显得有生气，碧水如镜，更增加了府邸的妩媚（图 7-2）。

图 7-2　阿赛-勒-李杜府邸（鄢金 绘）

7.3.3 舍农索城堡（1515—1556 年）

　　舍农索城堡位于昂布瓦斯以南，依势横跨在谢尔河上一个老磨坊的两座石墩上，中间由五孔廊桥相连，与河流、园林和绿树构成一幅非常自然和谐的风景画。舍农索城堡混合了哥特式建筑与早期文艺复兴建筑的风格。该城堡自 1535 年后就属于王室领地（图 7-3、图 7-4）。

图 7-3　舍农索城堡（曹思敏　绘）

图 7-4　舍农索城堡廊桥（曹思敏　绘）

7.3.4　枫丹白露宫（始建于 1137 年）

枫丹白露宫是法国最大的王宫之一，在法国北部法兰西岛地区赛纳 - 马恩省的枫丹白露，从 12 世纪起用作法国国王狩猎的行宫。"枫丹白露"的法文原义为"美丽的泉水"。枫丹白露宫建筑群由 5 个不同形状院落和 4 座各具特色的园林组成，分别为白马院、源泉院、椭圆院、王子院、办公庭院、狄安娜花园、英式花园、大花圃和亨利四世花园（图 7-5）。

图 7-5　枫丹白露宫（曹思敏 绘）

　　白马院长 152 米，宽 112 米。正门朝东，门前有一巨大马蹄形台阶。这个庭院建成时，曾耸立着罗马皇帝骑白马的雕像，因此被称为白马院（图 7-6）。皇帝拿破仑于 1814 年 4 月在马蹄形楼梯上发表退位声明。这个庭院东翼南端是中国馆。

图 7-6　枫丹白露宫白马院（曹思敏 绘）

　　源泉院正面二层是举世闻名的佛朗索瓦一世画廊（1528—1530 年）。画廊长 60 米，宽 6 米，高 6 米。画廊集合了第一代枫丹白露学派的代表作，包括木刻、湿壁画、灰泥雕刻，作品带有强烈的启蒙思想和人文主义思想（图7-7）。

图 7-7　佛朗索瓦一世画廊（曹思敏 绘）

椭圆院（1519—1559 年）保存有路易纪念塔。这个庭院是国王佛朗索瓦一世最早建造的庭院，具有典型的文艺复兴建筑风格（立柱、圆拱、人字形墙）。这个庭院的北翼是国王和王后的居住地点，被称为王室套间。

王子院（1553—1610 年）位于北侧，四周是亨利四世和路易十王时期的建筑物。这个庭院中最为著名的是狄安娜图书馆，图书馆以古罗马神话中的狩猎和月亮女神狄安娜命名。全长为 80 米，宽为 10 米，里边有第二代枫丹白露艺术的代表作。

7.3.5　麦松府邸（16 世纪）

麦松府邸的设计者是弗朗索瓦·孟莎。府邸坐落于法国伊夫林，平面为 U 形，结构为砖石结构，建筑流派为法国古典主义建筑（图 7-8）。16 世纪的意大利柱式结构给了法国早期古典主义建筑极大的启示，它的严谨与纯粹和法国追求的理性主义非常相符。自宫廷到市政建筑，明晰可解的柱式成为建筑的基本样式，麦松府邸成为这个转变的代表作品，形成了法国古典主义建筑特征的重要起点。立面开始出现横三段、纵五段的布局。烟囱与屋顶很好地结合，一同被纳入立面秩序中。面向庄园的立面开窗很大，将室外的景观纳入室内，而面向城市的立面却庄严有序。室内装饰别致雅洁，是孟莎唯一倾心设计的内部杰作（图 7-9）。

图 7-8　麦松府邸透视图（朱慧敏 绘）

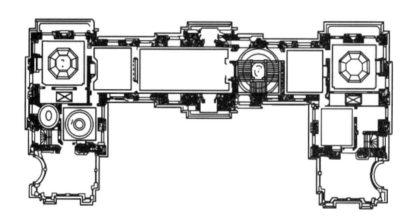

图 7-9　麦松府邸平面图（朱慧敏 绘）

7.3.6　卢森堡宫（1615—1631 年）

卢森堡宫原为法国王家后殿，是按照亨利四世的王后玛丽·德·美第奇的故乡意大利佛罗伦萨的托斯卡纳风格修建的，仿照她童年在佛罗伦萨住过的"庇蒂宫"修建的一座别宫，以解她思乡之情，路易十五的孩子们都在此长大。玛丽·德·美第奇是后来的国王路易十三的母亲、路易十四的奶奶。她加冕为王后的次日，亨利四世被刺杀身亡，路易十三年幼，玛丽·德·美第奇就坐镇卢森堡宫摄政，1799 年摄政结束，路易十三独立主政。近 200 年来，卢森堡宫一直是法国的政治机构所在地，作为参议院在使用。

卢森堡宫呈 U 形对称布局，3 层粗砌石结构，正面中间为一带 2 层立柱的楼台式建筑，顶端有一四楼台高屋顶。两侧各有一座翼楼，3 座楼连成一体（图 7-10）。

图 7-10　卢森堡宫（曹思敏　绘）

7.3.7　卢浮宫（1204 年）

卢浮宫位于法国巴黎市中心的塞纳河北岸，始建于 1204 年。十字军东征时期，为了保卫北岸的巴黎地区，菲利普二世在这里修建了一座通向塞纳河的城堡，主要用于存放王室的档案和珍宝。查理五世时期，卢浮宫被作为皇宫。这里曾居住过 50 位法国国王和王后，是法国文艺复兴时期最珍贵的建筑物之一，以收藏丰富的古典绘画和雕刻而闻名于世（图 7-11）。

图 7-11　卢浮宫（江罗翊钦　绘）

整体建筑呈 U 形，占地面积为 24 公顷（1 公顷 =10000 平方米，下同），其中建筑物占地面积为 4.8 公顷。卢浮宫共分希腊罗马艺术馆、埃及艺术馆、东方艺术馆、绘画馆、雕刻馆和装饰艺术馆 6 个部分（图 7-12）。

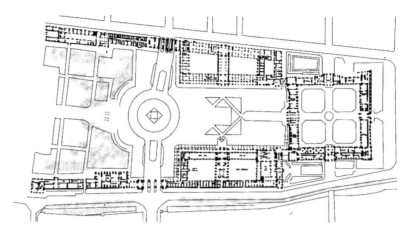

图 7-12　卢浮宫总平面图（江罗翊钦 绘）

　　路易十四时代完成的卢浮宫东立面改造是古典主义建筑的典型例证，缘由它的东立面隔着广场对着一座重要教堂，建成以后，人们很不满意，因而路易十四国王委派建筑师比洛和勒沃按照法国文艺复兴风格并恪守古典主义的原则加以改建。改建工作从 1624 年持续到 1654 年。改建以后的东立面长达 172 米，高 28 米，有中、左、右三个重点，三者之间为连接体，形成横向五段；纵向则划分为基座、柱廊和檐口三段，以中段雄伟的双柱式大空柱廊为主。在立面正中即横向五段的中段加三角形山花，统领全局，整个立面几何关系明确，构图色彩简洁清晰。各部垂直和水平划分都有严格的几何数量关系，绝对对称，充满理性精神（图 7-13）。

图 7-13　卢浮宫东侧（王俊程 绘）

7.3.8 凡尔赛宫（1661—1756 年）

凡尔赛宫位于法国巴黎西南郊外伊夫林省省会凡尔赛镇，是巴黎著名的宫殿之一，也是世界五大宫殿之一。凡尔赛宫建于路易十四（1643—1715 年）时代，它占地 111 万平方米，其中宫殿建筑面积 11 万平方米，园林面积 100 万平方米。宫殿建筑气势磅礴，布局严谨、协调。正宫东西走向，两端与南宫和北宫相衔接，形成对称的几何图案（图 7-14）。

图 7-14 凡尔赛宫（王俊程 绘）

该建筑摒弃了巴洛克的圆顶和法国传统的尖顶建筑风格，采用平顶形式，显得端正而雄浑（图 7-15）。外立面为标准的古典主义三段式处理，即将立面划分为纵、横三段，建筑左右对称，造型轮廓整齐、庄重雄伟，被称为理性美的代表（图 7-16）。其内部陈设和装潢富于艺术魅力，以巴洛克与洛可可风格为主，内部装饰包括雕刻、巨幅油画及挂毯，配有 17—18 世纪造型别致、工艺精湛的家具，宫内陈放着来自世界各地的珍贵艺术品。

镜廊由皇室画家勒·布朗和建筑师于·阿·孟莎合作设计建造。它全长 72 米，宽 10 米，高 13 米，连接两个大厅。长廊的一面是 17 扇开向花园的巨大拱形窗，另一面镶嵌着与拱形窗对称的 17 面镜子。这些镜子由 400 多块镜片组成。内壁用白色和淡黄色大理石钻面，镜板间用科林斯式绿色大理石壁柱隔开，柱头和柱础为铜镀金，柱头上饰以太阳、花环和天使。勒·布朗的巨幅天顶画再现了路易十四执政初期的历史事件。当夜幕降临时，烛光摇曳，经镜面反射形成 3000 缕烛光，整个大厅成为金色的海洋（图 7-17）。

图 7-15　凡尔赛宫东侧局部（王俊程 绘）

图 7-16　凡尔赛宫西侧局部（王俊程 绘）

图 7-17　镜廊（曹思敏　绘）

凡尔赛宫的园林规模宏大，体现君权至上。布局强调东西主轴、南北花坛、中央十字形大运河，均衡秩序、严谨对称、几何图案。园林内水景丰富，大量使用瀑布、水渠和喷泉，路径交叉点常用喷泉、雕塑、建筑小品装饰。宏伟壮丽的建筑外观和严格规则化的园林设计是法国封建专制统治鼎盛时期文化上的古典主义思想所产生的结果，数百年来欧洲皇家园林规划设计均遵循于此（图 7-18）。

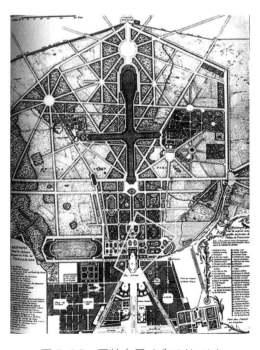

图 7-18　园林布局（曹思敏　绘）

7.3.9　巴黎维康府邸（1657—1661年）

维康府邸是路易十四时期财政大臣福克的府邸，早期古典主义的代表，古典主义者倡导"艺术高于自然"的设计原则。

维康府邸采用对称布局，轴线突出，平面以椭圆形的客厅为中心，两旁是连续厅，都朝向花园。外形与内部空间呼应，中央是一椭圆形穹隆，两端是法国独创的方穹隆，穹顶成为外部形体的中心。建筑共两层，正立面应用了古典的水平线脚与柱式，屋顶具有法国特色。整座建筑造型严谨，表现了法国古典主义的典型特征（图7-19）。

图7-19　维康府邸（曹思敏 绘）

府邸的轴线延长而为花园的轴线，花园在府邸的统率之下，主从关系十分明确，花园是几何形的，中轴长达1千米，笔直而宽阔。沿轴线对称几何状布置水池、喷泉和飞瀑，点缀着雕像、台阶和假山洞，还有草坪和花畦，用一道横向的水渠来丰富构图。轴线两侧是茂密的树林，林间小径也呈直线，组成几何图案。大道和小径都有雕像、柱廊、喷泉之类做对景。各色花草排成大幅的图案，连树木都修剪成几何形的。

7.3.10 恩瓦立德新教堂（1680—1706 年）

恩瓦立德新教堂建造在巴黎市中心的残废军人安养院，是为了表彰"为君主流血牺牲的人"。建筑师于·阿·孟莎摒弃了仿罗马耶稣会教堂和仿哥特式教堂的通常做法，而采用正方形的希腊十字式平面，四角是四个圆形的祈祷室（图 7-20）。

恩瓦立德教堂是法国古典主义建筑的杰出代表，建筑师把它接在原有教堂的南端。平面正方形，上方覆盖 3 层穹隆。外形的处理采用巴洛克的手法，中央高两侧低，沿轴线对称，形体简洁，几何性明确，庄严而和谐。中央两层门廊的垂直构图使穹隆、鼓座同方形的主体联系起来。门廊中央开间用双柱与鼓座呼应，鼓座的倚柱又与穹顶的肋呼应，形成向上升腾的效果。内部光线明亮，装饰简洁，柱式组合丰富，结构清晰，表现出严谨的逻辑性（图 7-21）。

建筑顶部用高耸的鼓座支撑饱满的穹顶，形成集中式的纪念碑。穹顶高达 105 米，是教堂垂直构图中心。穹顶由 3 层壳体构成，最高处为采光亭。穹顶表面 12 根肋架间用铝质镏金的战利品浮雕装饰，光彩夺目（图 7-22）。

图 7-20　恩瓦立德新教堂平面图（曹思敏 绘）

图 7-21　恩瓦立德新教堂（曹思敏 绘）

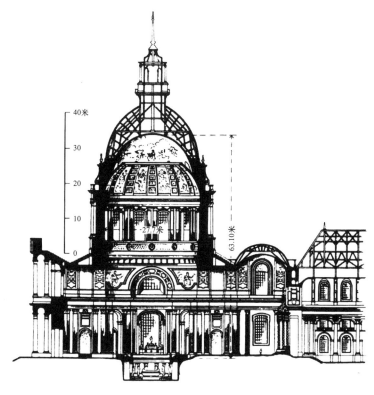

图 7-22　恩瓦立德新教堂剖面图（曹思敏 绘）

7.3.11 旺道姆广场（1699—1701 年）

旺道姆广场一座充满纪念色彩的封闭形古典主义风格广场，由建筑师于·阿·孟莎设计。其平面为抹角的矩形，中央有一条道路通过，四周均为古典主义建筑。广场的建筑统一为 3 层，底层是券廊结构，内设店铺。上面两层是住宅，外部采用科林斯式壁柱，体现严谨、简洁的古典主义特征。坡形屋顶、伸出的老虎窗彰显法国传统建筑典型元素（图 7-23）。

旺道姆圆柱立于纵横轴线的交点，模仿古罗马图拉真纪功柱样式，是为纪念拿破仑 1805—1807 年间对俄国和奥地利的战争胜利所造。柱子高 43.5 米，直径 3.6 米，顶端立有拿破仑雕像，柱身饰以一圈铜铸的精美浮雕，题材为表彰拿破仑在奥斯特利茨战争中的功绩，材料则采用战争中缴获的 1200 门大炮浇铸而成的青铜板，长约 280 米（图 7-24）。

图 7-23　旺道姆广场鸟瞰图（符嘉颖 绘）

图 7-24　旺道姆圆柱（王俊程 绘）

7.3.12　巴黎阿默劳府邸（1712 年）

阿默劳府邸为洛可可建筑风格，平面为矩形，功能分区明确，前院分为左右两个，一个是车马院，另一个是前院。大门也相应分为两个。正房和两厢加大进深，都有前后房间，比较紧凑。普遍使用小楼梯和内走廊，穿堂因而减少。厨房和餐厅相邻，卧室附设卫生间和储藏间。精致的客厅和亲切的起居室代替了 17 世纪中叶豪华的沙龙。房间里没有方形的墙角。矩形房间抹大圆角，更喜爱圆的、椭圆的、长圆的或圆角多边形的等形状的房间（图 7-25）。

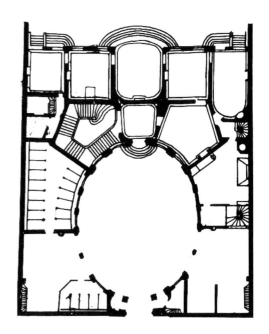

图 7-25　阿默劳府邸平面图（周纪琳 绘）

7.3.13　玛蒂尼翁府邸（1719 年）

玛蒂尼翁府邸为洛可可建筑风格，其分为车马院和正院两部分。府邸对着正院的部分为主轴线，对称构图。正房朝花园的立面按通长设次轴线，亦对称构图。前后两条轴线错位，并不重合。内部房间按照功能布局，与立面的轴线无关（图 7-26）。

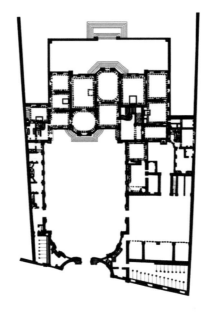

図 7-26 玛蒂尼翁府邸平面图（周纪琳 绘）

7.3.14　南锡中心广场（1750—1755 年）

南锡中心广场是位于法国洛林区南锡市中心的广场群（图 7-27）。由三个广场串联组成，北部是横向的长圆形的王室广场，南部是长方形的路易十五广场（图 7-28），中间由一个狭长的跑马广场连接。跑马广场与路易十五广场通过一座南锡凯旋门分隔（图 7-29）。南北总长大约 450 米，建筑物按纵轴线对称排列。每个广场都是一个独立的封闭空间，但互相串联在一个轴线上，形成了完美的空间序列。

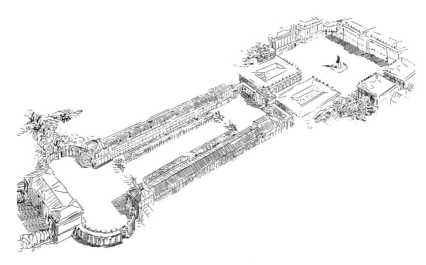

图 7-27　南锡中心广场鸟瞰图（盖月珊 绘）

图 7-28　路易十五广场（曹思敏 绘）

图 7-29　南锡凯旋门（曹思敏 绘）

　　18 世纪，法国城市广场发生了变化，追求突破局限，不再是封闭的，不再用一色的建筑物包围一个空间。它们常常局部甚至三面敞开和外面环境自然呼应，这是洛可可艺术的追求。

　　南锡市政厅为古典主义风格，立面划分为横三和竖三段，底层为粗砾石砌筑成水平纹理，二、三层用光滑大理石小缝砌，用科林斯巨柱式，屋顶檐口厚高用镂空栏板，建筑尺度宜人，比例和谐（图 7-30）。

图 7-30　南锡市政厅（曹思敏 绘）

7.3.15　协和广场（1755—1772 年）

协和广场位于巴黎市中心，是法国最著名的广场之一，18 世纪由国王路易十五下令营建。建造之初是为了向世人展示他至高无上的皇权，取名"路易十五广场"。广场东西两面均为茂密的绿化带，东面是都勒利花园，西面是叶丽赛林荫大道，南面是塞纳河，北面是国家档案馆（图 7-31）。

广场呈八角形，中央矗立着埃及方尖碑。方尖碑由整块的粉红色花岗岩雕出来，上面刻满了埃及象形文字，赞颂埃及法老的丰功伟绩（图 7-32）。广场的四周有 8 座雕像，象征着法国的八大城市。

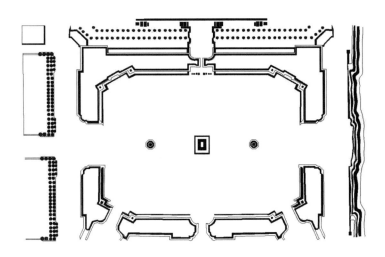

图 7-31　协和广场总平面图（肖信源 绘）

图 7-32　协和广场（王俊程 绘）

7.3.16　小特里阿农（1762—1768 年）

路易十五在法国亭前建造了一处宁静的住所，称为"小特里阿农"（通常称路易十四的大理石宫为"大特里阿农"）。小特里阿农从精神上是洛可可的。它小小的，远离豪华壮丽的凡尔赛宫和大特里阿农，静静地隐藏在偏僻的密林中，与大自然亲近，只求安逸、典雅而不求气派（图 7-33）。

小特里阿农形制为帕拉第奥式，平面接近于正方形，两层，周围有小型的法国式花园，一直延伸到特里阿农大理石宫（图 7-34）。路易十六登基后，他为王后在此建造了小城堡。不久之后王后就对花园进行了全面改造，形成英中式花园风格。

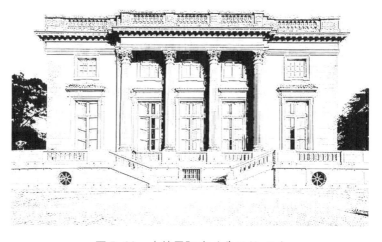

图 7-33　小特里阿农（曹思敏 绘）

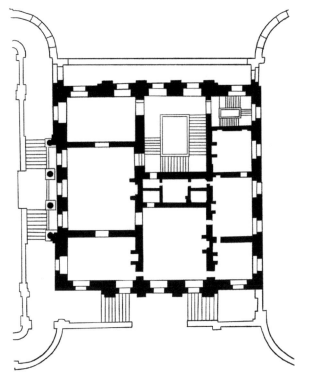

图 7-34　小特里阿农平面图（王伊菲 绘）

8 欧洲其他国家 16—18 世纪建筑

8.1 欧洲其他国家 16—18 世纪建筑产生背景

由于资本主义制度的萌芽，16—18 世纪的欧洲国家在经济、政治方面发生重大转折，处于封建社会解体和资本主义兴起的阶段。资本主义的萌芽也为欧洲文化复兴和启蒙提供了可能，在此阶段，欧洲资产阶级正在形成，新兴资产阶级为了维护自己的经济和政治利益，要求在意识形态上打破教会的神学观，改变维护封建制度的各种传统观念。

但此时的欧洲，顽固的封建势力和天主教会又在阻挠时代的前进，所以各国的历史极其复杂，发展进程不尽相同。有的经济发达得早些，如尼德兰；有的因战争破坏而落后，如德国；有的则封建势力强大，新的经济、政治因素发展缓慢，如西班牙和俄罗斯。

各国的建筑都反映了历史的特点。可是无论有多少差异，进步和发展毕竟是时代发展的主流，各国的建筑都在适应资本主义因素的萌芽和发展而变化，因此，以上国家多多少少都在追随意大利文艺复兴建筑、巴洛克建筑以及法国的古典主义建筑。

从 15 世纪起，英国的资本主义因素迅速发展，到 15 世纪末，建立了中央集权的民族国家，国王进行了宗教改革。于是，不再兴建大型教堂，新建的小礼拜堂大多附属于大学等公共建筑物。英国资本主义经济发展的重要特点之一，是它在早期就深入农业。由于手工业和海外贸易的发展，英国城市公共建筑物的类型增加了。庄园府邸是英国 16 世纪的代表性建筑物，17 世纪建立了绝对君权之后，王室的宫殿成为代表性建筑物。

16 世纪，尼德兰的资本主义经济发展很快，1597 年北部的荷兰推翻了西班牙教会统治，建立了世界上第一个资产阶级共和国，之后经济发展越来越快，到 17 世纪成为欧洲资产阶级先进思想的中心之一。革命前后，为适应资本主义的发展和尼德兰的民主制度，这一时期的建筑主要是市政厅、交易所、钱庄、行会大楼等，而南部主要是耶酥教会的巴洛克式天主教堂。意大利和法国的建筑虽然对尼德兰都有影响，但它在中世纪时市民文化就相当发达，相应的世俗建筑的水平很高。所以，尼德兰自己独特的传统很强，对法国和英国的建筑也产生了不小的影响。

16—18世纪，德国被分为296个诸侯国和1000个以上的骑士领地，城市经济大大衰落。因此，这个时期德国建筑的地方性很强。直到18世纪，有一些诸侯国脱颖而出，渐成大国，在他们的领地里，建筑有了明显的变化，获得比较大的成功。

16世纪末到17世纪初，俄罗斯连年战争，经济衰落，几乎没有建造大型的建筑。直到17世纪中叶，俄罗斯经济逐渐恢复，手工业与商业发达起来。新兴的上层市民阶级在城市里建造了玻璃、纺织、造纸、制革等工场建筑物，建造了一些公共与居住建筑物。在建筑造型上，这一时期已经接受欧洲文艺复兴与巴洛克的风格。到18世纪初，彼得大帝建成了专制政体，为了发展资本主义经济，克服俄罗斯的落后状态，彼得大帝采取了激烈的改革措施，大力提倡向当时先进的西欧学习，其改革促进了俄罗斯文化和西方的接触，打破了俄罗斯文化闭关自守的状态，彼得堡成为学习西方先进文化巨大的实验室。

8.2 欧洲其他国家建筑特点

16—18世纪，欧洲资本主义萌芽，政治经济大转折，历史相当复杂。除意大利的文艺复兴建筑及法国的古典主义建筑影响较为深远外，其他国家的建筑影响都较小。受政治、经济、思想、历史、文化等不同因素影响，各国的发展呈现不均等的速度，在建筑上也呈现出不同的特点。

（1）尼德兰建筑

17世纪中叶，在法国建筑文化影响和16世纪以来的市民建筑基础上，荷兰形成了自己的古典主义建筑。这种建筑物横向展开，以叠柱式控制立面构图，水平分划为主，形体简洁，装饰很少。但它的传统特点依然很明显，以红砖为墙，而细部用白色石头，色彩明快。

市民建筑除增加一些柱式细节和手法之外，以红砖为墙，以白石砌角隅、门窗框、分层线脚和雕饰。行会大厦正面窄，进深大，以山墙为正面。屋顶很陡，内设阁楼，山花带有多层窗。屋顶为木构且质量轻，山花排列像锯齿状，顶部用哥特式的小尖塔和雕像等加以装饰，轮廓线华丽丰富，外观活泼跳跃。

（2）西班牙建筑

西班牙建筑呈现以下特征：首先，宫廷建筑的规模很大，并以院落组织空间，将各部分功能相对分区。其次，继续建造天主教堂，采用哥特式。再次，15世纪下半叶和16世纪，在世俗建筑中，阿拉伯的伊斯兰建筑装饰手法遗风还很兴盛，和意大利文艺复兴的柱式细部相结合，形成西班牙独特的建筑装饰风格，称为"银匠式"。银匠式结合了哥特式建筑和文艺复兴式建筑的特点。这种风格的建筑外形精致，使人联想起精细的银器，多运用朴素和繁密、灵巧与厚重的对比。最后，天主教堂中流行超级巴洛克式，建筑怪诞，极尽堆砌。超级巴洛克是在巴洛克风格基础上融入了伊斯兰装饰的特点。这种风格兴起于17世纪中叶，造型自由奔放，装饰繁复，富于变化，但往往过分装饰堆砌。

（3）德国建筑

16世纪初，在德国的市民建筑中，住宅的平面采用不规则布局，体形很自由。构件外露，排列疏密有致，装饰效果很强。屋顶特别陡，里面通常有阁楼，开着老虎窗，风格亲切，活泼美丽；在市政厅建筑中，一般跟住宅相似，稍稍整齐一些。它们的尖顶格外锋利、格外高，像出鞘的剑，非常活跃。

16世纪末叶，受意大利建筑风格的影响，柱式又被运用到建筑构图中。柱式的使用使构图趋向整齐，风格趋向一致，涡卷和小山花成为重要的装饰题材，建筑质量大有提高。

18世纪，建筑室内设计达到很高水平。利用大楼梯的形体变化和空间穿插，配合绘画、雕刻和精致的栏杆，渲染出富丽堂皇的效果。同时，洛可可风格在德国被广泛运用，例如在一些教堂里，巴洛克和洛可可的题材、手法和样式糅合在一起，营造的效果浮夸乖张。

（4）英国建筑

16世纪上半叶，英国的府邸形制丧失防御性，平面趋向规整。大型府邸起初都是四合院的，一面是大门和次要房间，正屋是大厅和工作用房，起居室和卧室在两厢。后来大门这一面没有了，只留下一道围墙和栏杆。最后，两厢也逐渐演变为集中式大厦两端的凸出形体，平面设计结合功能使用，减少套间，加强了房间之间的联系。

16世纪下半叶，受意大利建筑的影响，府邸的外形追求对称。柱式逐渐取得控制地位，水平分化加强，外形变得简洁。室内的装饰更加富丽，常在大厅和长廊的墙上绘壁画和悬挂肖像、兽头、鹿角等装饰物。

17世纪初，宫廷建筑占据主导地位。民间木构架建筑的工艺很精致，加强了木构架的装饰效果。由于砖的推广使用，外墙除了传统的在木构架之间填土坯、抹白灰之外，常在木构架之间砌红砖，色彩沉着温暖。

（5）俄罗斯建筑

16世纪，伴随着民族的复兴，民间建筑的造型对上层统治阶级的建筑与教堂产生一定的影响，形成"帐篷顶"教堂。这种帐篷顶的建筑形式后来发展为俄罗斯建筑独特的民族风格。

17 世纪，俄罗斯的资本主义开始形成，在世俗建筑物中，很自然地接受了意大利文艺复兴建筑的成就。17 世纪末期已经流行从西欧传入的巴洛克建筑风格。但是，俄罗斯巴洛克风格仅仅是华丽的、过分的装饰而已，并不追求天主教的宗教效果。

18 世纪初，由于彼得大帝的社会改革，俄罗斯建筑全面地吸收了法国古典主义的建筑处理手法。这种古典主义建筑和俄罗斯传统建筑相结合，在彼得堡产生了不少很有特点的大型官殿和有纪念性的公共建筑物。

8.3 欧洲其他国家 16—18 世纪建筑代表性实例

8.3.1 安特卫普行会大厦（16 世纪）

安特卫普行会大厦位于安特卫普广场上，紧邻繁华的街道。由于沿街的地段很宝贵，行会大厦一般有 3~4 层，主要的大堂在第二层，第二层以上往往向外挑出，所以正面很窄，而进深很大。以山墙作为正面，山墙上砌体狭窄而窗很宽敞，屋顶用木构件，质轻且陡，内有两三层阁楼。强调水平划分，山花上形成几个台阶式的水平层，山花上做多层窗，每一层在两头用涡卷和下层联系。尖尖的山花排列得像锯齿一样，顶部小尖塔和雕像等装饰形成活泼跳动、华丽复杂的轮廓线（图 8-1）。

图 8-1 安特卫普行会大厦（曹思敏 绘）

8.3.2 古达市政厅（16世纪）

荷兰古达市政厅为哥特式建筑，建筑的墙体用白色砂石砌成，正面有高耸繁复的尖塔，以山墙为正面，从中央的券门进去，一道走廊直穿整个建筑物。山花上，沿着屋顶斜坡，做层层叠叠台阶式的处理。每一级都用小尖塔装饰起来。红白相间的百叶窗装饰着灰白色的建筑，色彩搭配赏心悦目。市政厅的背面则是传统的荷兰山形墙，最高处是一只狮子抱着古达的市徽，与附近的建筑风格协调统一（图8-2）。

图8-2　古达市政厅（王伊菲　绘）

8.3.3 安特卫普市政厅（1561—1565年）

比利时安特卫普市政厅坐落在大广场之西，是文艺复兴时期比利时代表性的建筑，古雅庄重，北面有古博物馆和美术馆等（图8-3）。它有四层，底层用重块石做成基座层，以上三层用叠柱式，做水平划分，层高不大而窗子占满开间。顶层比较矮，做外廊，尺度宜人。其中央三开间向前凸出，上面做台阶式的山花，装饰着方尖碑和雕像。

采用以山墙为正面的立面构图，它的垂直形体同两侧水平展开的部分相对比。而中央部分显著地占主导地位，统率着整个立面。共同的水平分划又把中央部分同两个侧翼联系在一起，所以立面是统一完整的。通常垂直的形体和水平的形体组织在一起时，垂直部分总要占据主导地位，上下完整，水平联系紧密，整体性强。

安特卫普市政厅的中央部分用双柱，两侧是薄壁柱。中央部分的窗子是发券的，两侧的是方形的；中央部分的开间比两侧的大得多，窗下墙用花栏杆做装饰，山花非常华丽，这些更加强了中央部分的统率作用。因而，这种处理使建筑外观舒展，比例和谐，细部丰富，而且地方的传统特色很强，使安特卫普市政厅成为尼德兰最卓越的纪念物之一（图8-3）。

图 8-3　安特卫普市政厅（曹思敏 绘）

8.3.4　贝壳府邸（1475—1483年）

贝壳府邸位于西班牙萨拉曼迦，封闭的三层坡顶四合院式，砖石建造，以墙承重。外墙是砖石的，窗子小而不多，形状和大小不一，排列不规则，但构图和谐（图8-4）。墙面简朴，石墙裸露，上面均匀地雕着菱形排列的贝壳。底层的窗罩等铸铁工艺精美，大门门罩雕刻精致，一对狮子簇拥着贵族主人的徽章（图8-5）。

院内四周多有轻快的外廊，正面用连续券，柱子纤细，柱头装饰华丽，手法、题材和风格有阿拉伯式的余韵。上层的廊镂空样式轻巧，廊内墙面抹白灰。院内中央有一八角形水井，上覆铸铁（图8-6）。

　　银匠式建筑风格是 1520 年前后的西班牙建筑和装饰风格，结合了哥特式建筑和文艺复兴式建筑的特点。这种风格的建筑和装饰常常十分精致，使人想起的不是石雕，而是精细的银器。这样的建筑像金银细工那样精巧细密、强调对比，沉着奔放，质朴细密，建筑造型富于变化，装饰丰富细腻。

图 8-4　贝壳府邸（曹思敏　绘）

图 8-5　贝壳府邸入口大门（曹思敏　绘）

图 8-6　贝壳府邸内院（曹思敏　绘）

8.3.5　西班牙阿尔卡拉大学（1540—1553年）

阿尔卡拉大学位于西班牙阿尔卡拉德赫纳雷斯市，距马德里30千米，是世界文化遗产，有典型的西班牙"银匠式"建筑风格。阿尔卡拉大学建筑有三层，主立面构图很严谨，每层用凸出的水平线条划分，中央入口部分用爱奥尼式双柱，门窗均做精美窗套。底层为弧形拱门，顶层为券柱式窗，檐口镂空栏杆，柱顶饰以雕塑。立面整体呈现三段式划分，垂直构图很强，庄重典雅（图8-7）。

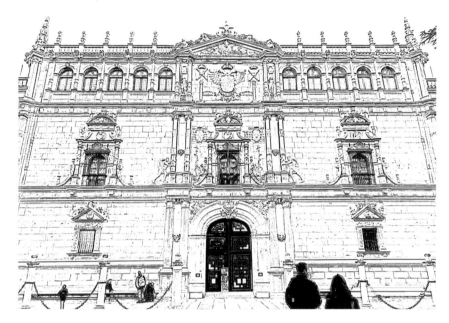

图8-7　阿尔卡拉大学立面（曹思敏 绘）

8.3.6　埃斯库里阿尔宫（1563—1584年）

埃斯库里阿尔宫是欧洲第一座大型宫殿，为皇族建立陵墓，树立神圣罗马帝国西班牙哈布斯堡王朝正统，纪念对法国战争的胜利及维护天主教权威而建造。埃斯库里阿尔宫建于西班牙首都马德里西北48千米处的旷野中。建筑师为鲍蒂斯达·托莱多及埃瑞拉。这座建筑受到文艺复兴风格的影响，无论从立面结构上，还是平面布局上都显出庄严肃穆的古典气质。正立面采用下三角形的门楣和多立克式的壁柱，墙面平整而光洁，没有过多的装饰。内部庭院中配置附属建筑，其中教堂是整个建筑的重心，采用拉丁十字式，半球形的穹顶、正门、侧廊，虽然处于庭院内，却结构完整（图8-8）。

埃斯库里阿尔宫占地面积超过3万平方米，平面为一个210米×168米的长方形。

它包括教堂、陵墓、神学院、官邸等，内有16个大小庭院，86座楼梯，89个水池。划分为多个主要部分，处于西面正入口的是王室大院，以东是一个希腊十字式教堂，教堂中央是穹隆（图8-9）。

图 8-8　埃斯库里阿尔宫（曹思敏 绘）

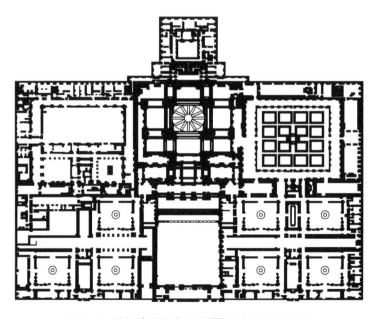

图 8-9　埃斯库里阿尔宫平面图（谢志昂 绘）

8.3.7 圣地亚哥·德·贡波斯代拉教堂（1738年）

17世纪到18世纪前半叶，在耶稣教团的倡导下，西班牙又流行起巴洛克式建筑来，主要应用在教堂建筑中。圣地亚哥·德·贡波斯代拉教堂经历多次扩建，融合了罗马式、哥特式、巴洛克式、银匠式和新古典等不同的建筑风格。教堂的形制采用拉丁十字式，西面有一对钟塔，保持着哥特式的构图。但是，钟塔又完全用巴洛克式手法，堆砌着倚柱、壁龛、断折的檐口和山花、涡券等，体积的起伏和光影的变化都很浮夸。这座教堂被认为是西班牙巴洛克风格的最重要代表之一（图8-10）。

图8-10 圣地亚哥·德·贡波斯代拉教堂（曹思敏 绘）

8.3.8 西班牙马德里皇宫（1738—1764年）

马德里皇宫是仅次于凡尔赛宫和维也纳美泉宫的欧洲第三大皇宫，由费利佩五世下令建造于曼萨莱斯河左岸的山岗上，在一个原先阿拉伯城堡的基础上建造而成，属于古典主义风格（图8-11）。王宫呈正方形，每边长约180米，中间有一大内院。宫殿主体结构全部用石头和砖建造，平面紧凑。纵轴线显著，被院落打断，没有形成内部空间的序列。立面是法国古典主义的式样，类似凡尔赛宫。每面都是左右分 5 段，上下分 3 段，而以中央一段为主。它位于四面空旷的高地上，所以体形明确、完整、壮观。西班牙的民间建筑，始终保持着它们传统的特色。虽然宫廷提倡古典主义建筑，但毕竟缺乏社会历史基础，所以没有得到广泛的流行。

图 8-11　马德里皇宫（曹思敏 绘）

8.3.9　莱比锡老市政厅（1556 年）

德国莱比锡老市政厅最初建于 1556 年，第二次世界大战中被毁，现存者为战后重建。它共分为三层，最下面是棕红色石材砌筑的拱廊，中间为简洁的黄色墙身，最上面是红瓦斜坡屋顶。屋顶上还建有 6 座造型优美的高阁楼，阁楼中间高耸的钟塔是广场的中心标志。这栋大楼以其优美的外观而成为德国最漂亮的文艺复兴建筑之一。作为文艺复兴建筑，它最明显的特征是扬弃了中世纪时期的哥特式建筑风格，而在宗教和世俗建筑上重新采用古希腊、古罗马时期的柱式构图要素。这种古典建筑，特别是古典柱式构图体现着和谐与理性，并同人体美有相通之处（图 8-12）。

图 8-12　莱比锡老市政厅（曹思敏 绘）

8.3.10　不莱梅市政厅（1720—1744 年）

不莱梅市政厅是中世纪楼厅夹层式建筑的代表，也是德国北部文艺复兴风格的范例。它位于老城中心的集市广场上，广场正对面是商会，市政厅前方是罗兰像，右侧是不莱梅大教堂和议会大楼，左侧是圣母教堂。市政厅主体建筑对称布局，为三层，底层为罗曼式拱廊，高屋顶，檐口有三座台阶式山花，中央大两侧小，每层山花通过窝卷过渡，端部饰以尖顶，装饰性强（图 8-13）。

图 8-13　不莱梅市政厅（曹思敏 绘）

8.3.11　巴伐利亚乌兹堡宫（1720—1744 年）

巴伐利亚乌兹堡宫是德意志巴伐利亚巴洛克后期最杰出的代表作，由德国伟大建筑师诺依曼设计。宫殿长 175 米，宽 90 米，高 21 米，正面主楼三层，外墙是金黄色砂岩，以凡尔赛宫为蓝本，建筑主体和两翼围成一个院子，面对开阔的广场，后面是花园，用喷泉、瀑布、台阶、植物、林荫小道组成各种景致（图 8-14）。宫内设皇帝厅、楼梯厅、庭园厅、白厅等。装饰设计水平很高，尤其是楼梯厅的设计充分利用楼梯多变的形体，组成既有变化而又完整统一的空间。楼梯杆上装饰着雕像，天花壁画同雕塑相结合，运用巴洛克手法，色彩鲜艳，富有动态。宫内壁画系 18 世纪意大利著名画家提埃波罗所绘。

图 8-14　巴伐利亚乌兹堡宫（曹思敏 绘）

8.3.12　都铎风格建筑（16 世纪）

都铎风格建筑是一种中世纪向文艺复兴过渡时期的风格，起源于 16 世纪的英国都铎王朝。尖耸的三角形屋顶是它显著的特征，主要是因应英国多雨的天气，方便排水。石砌大烟囱是另外一个特点，用于壁炉取暖排气之用。都铎式房子通常是两层楼的建筑。第一层楼为砖砌或石砌，第二层楼采用较轻的木架填上灰泥以节省成本。外露的木架涂上巧克力色的油漆，美观精致（图 8-15）。玻璃在 16 世纪属于稀有的奢侈品，传统的都铎民房多使用推开式的木板窗。室内常用深色木材做护墙板，板上做浅浮雕。

顶棚则用浅色抹灰，做曲线和直线结合的格子，格心中央垂一个钟乳状的装饰。一些重要的大厅用华丽的锤式屋架。这是一种很富有装饰性的木屋架，由两侧向中央逐级挑出，逐级升高，每级下有一个弧形的撑托和一个雕镂精致的下垂的装饰物。

图 8-15　都铎风格建筑（曹思敏 绘）

8.3.13　沃莱顿府邸（1580—1588 年）

沃莱顿府邸建筑的外观由来自欧洲的流行式样和英国传统风格混合而成，复杂起伏的宫殿式造型，仍保留了哥特式风格的建筑形态，而府邸外观所呈现出的对严整对称、水平分化的追求，以及罗马柱式的运用，则为庄园注入了文艺复兴的新鲜血液（图 8-16）。

刚刚从黑暗的中世纪中得以解放，世俗的欲望被空前放大。为了彰显主人的财富，当时极其昂贵的多格玻璃窗被设计得格外巨大，窗子的宽度超出窗间墙的宽度，长度甚至可以跨越两层楼。走进府邸内，极具对称美的雕花配饰和随处可见的宗教题材壁画无不展现府邸主人对文艺复兴艺术风格的推崇。可以说，这座建筑本身就是一个划时代的符号。

沃莱顿庄园由当时赫赫有名的地主和煤矿大亨弗朗西斯·威洛比爵士历时八年在诺丁汉郡建造。这座建筑的最大特征是在平面布局上彻底改变了以前的以内院为核心的城堡式格局，将大厅安排在建筑的中心位置，从而彰显庄园主人的充盈财富和显赫地位（图 8-17）。

图 8-16　沃莱顿府邸（周辰悦 绘）

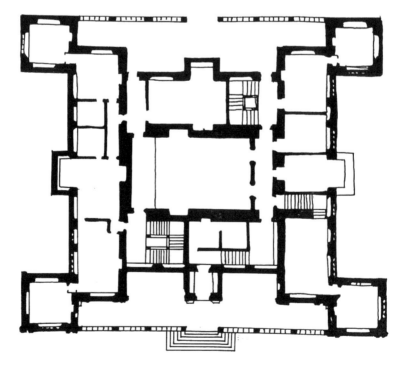

图 8-17　沃莱顿府邸平面图（周辰悦 绘）

8.3.14 格林尼治女王宫（1618—1638年）

格林尼治女王宫（今英国国家海事博物馆）俗称女王宫，由詹姆斯一世的王后安妮下令建造。17世纪初全欧洲的古典主义思潮已经产生。两度游学意大利的宫廷建筑师伊尼戈·琼斯力图从帕拉第奥的范例中"汲取"尊严、高贵这些品质，体现在王室的建筑物上，从而把对帕拉第奥的崇拜引进了英国。第一个重要的宫廷建筑物就是这座女王宫。

格林尼治女王宫外形方方正正，没有中世纪建筑的痕迹，而是纯粹的柱式建筑。四个立面的中央都略略向前凸出，正立面和背立面在第二层的正中做柱廊。为了保持帕拉第奥的风格，窗子较小，间距却很大，远不如16世纪府邸那样明朗。但它的形式很单纯精练，比例相当和谐。白色的建筑在碧绿的草地缓坡上显得非常典雅（图8-18）。

图8-18　格林尼治女王宫（周辰悦 绘）

格林尼治女王宫很像帕拉第奥设计的一些小型庄园府邸，在南北向的主轴上纵深排列着几个大厅，连接北端的沙龙。其余房间按纵横两个轴线对称布置，有两个小天井采光。内部联系勉强从属于外部形体，比16世纪的府邸反而退步了（图8-19）。

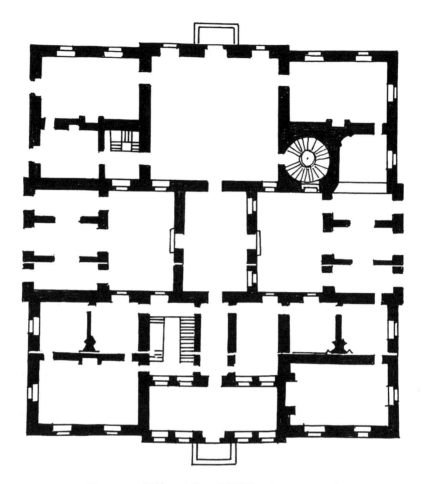

图 8-19　格林尼治女王宫平面图（周辰悦 绘）

8.3.15　小莫顿庄园（1559 年）

小莫顿庄园又称旧莫顿庄园，位于英格兰柴郡康格尔顿，是一座半木造结构的乡村别墅。小莫顿庄园最早修建于约 1504—1508 年，长期以来是莫顿家族的菜站。其外观华丽，白色外墙用一些纯装饰性的木构件，做成十字花形、钱币形等。在个别构件上还施以雕饰，样式精巧，但多少损失了一些木构架建筑原有的自然、淳厚的风格，稍显矫揉造作（图 8-20）。

图 8-20 小莫顿庄园（曹思敏 绘）

8.3.16 圣保罗大教堂（1675—1710 年）

圣保罗大教堂是世界著名的宗教圣地，世界第五大教堂，英国第二大教堂（第一是利物浦大教堂），教堂也是世界第二大圆顶教堂。圣保罗大教堂最早在 604 年建立，后经多次毁坏、重建，由英国著名设计大师和建筑家克里斯托弗·雷恩爵士设计，花费 35 年的心血得以完成，这是为数甚少的设计建造仅由一人完成的建筑案例（图 8-21）。

图 8-21 圣保罗大教堂（曹思敏 绘）

教堂平面为拉丁十字形，纵轴 156.9 米，横轴 69.3 米。十字交叉的上方覆盖有两层圆形柱廊构成的高鼓座，其上是巨大的穹顶，直径 34 米，离地面 111 米（图 8-22）。教堂正门上部的人字墙上，雕刻着圣保罗到大马士革传教的图画，墙顶上立着圣保罗的石雕像，整个建筑显得很对称且雄伟。正面建筑两端建有一对对称的钟楼。

建筑总高 108 米，教堂的平面由精确的几何图形组成，布局对称，中央穹顶高耸，由底下两层鼓形座承托。穹顶直径 34.2 米，有内外两层，可以减轻结构质量。正门的柱廊也分为两层，恰当地表现出建筑物的尺度。四周的墙用双壁柱均匀划分，每个开间和其中的窗子都处理成同一式样，使建筑物显得完整、严谨。但两旁仍有两座有明显哥特遗风的钟塔，为英国古典主义建筑的代表（图 8-23）。

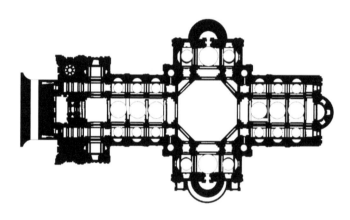

图 8-22 圣保罗大教堂平面图（钟淇 绘）

图 8-23 圣保罗大教堂剖面图（钟淇 绘）

8.3.17 俄罗斯民间木建筑（图 8-24）

俄罗斯民间长久以来流行木建筑。与西欧、北欧的木构架建筑不同，它的构造方法是：用圆木水平地叠成承重墙；在墙角，圆木相互咬榫；为便于清除积雪，屋顶坡度很陡。这种原木房屋虽粗糙，但保暖性能良好。由于结构技术和材料的限制，内部空间不宽敞，所以，比较大的建筑物需要用几幢小木屋组合起来，体形因此而复杂。两层的房屋，下层作为仓库、畜栏等，上层住人。为了少占室内空间，楼梯设在户外，通过曲折的平台，联系各个组成部分。

复杂的组合体形，轻巧的户外楼梯和平台，活泼而又亲切。窗扇、山花板、阳台栏杆等地方点缀着雕花，由于结构技术差，跨度不大，所以就把它升高，因而形成了墩式的体形。再给它一个多边形的高攒尖式的顶子，称为"帐篷顶"。帐篷顶和墩式主体像一座集中式纪念碑，为 16 世纪俄罗斯大型纪念性建筑物提供了雏形。

图 8-24 俄罗斯民间木建筑（曹思敏 绘）

8.3.18 沃士涅谢尼亚教堂（1532 年）

沃士涅谢尼亚教堂是 16 世纪中叶俄罗斯独立与统一的纪念碑。莫斯科郊区科洛敏斯基村的离宫里的沃士涅谢尼亚教堂，抛弃了几百年来东正教教堂的拜占庭传统，采用民间木构的帐篷顶墩式教堂的形制。它是最早的国家性墩式教堂，全用白色石头造成，全高大约 62 米。它名为教堂，其实内部只有 60 多平方米，不宜做宗教仪式。

顶部是一个八边形的瘦高的锥体，这种形体构图强调纪念意义。整个建筑物，上层比下层窄、比下层矮，窗子和壁柱越往上越小，竖向划分和竖线条显著，屋顶峭拔，再加上重重叠叠的花瓣形装饰，都造成向上冲天而起的动势。宽阔的平台形成它的基座，使它稳稳站立在大地之上，与大地保持紧密的联系，犹如一座永不动摇的丰碑（图 8-25 ）。

图 8-25　沃士涅谢尼亚教堂（曹思敏　绘）

8.3.19　华西里伯拉仁内教堂（1555—1560 年）

华西里伯拉仁内教堂（圣瓦西里大教堂）位于俄罗斯首都莫斯科市中心的红场南端，紧傍克里姆林宫，是俄罗斯建筑师巴尔马和波斯特尼克，受沙皇伊凡大帝之命主持修建的东正教大教堂，于 1560 年建成。教堂的名字以当时伊凡大帝非常信赖的一位修道士华西里的名字命名。

莫斯科城市布局以红场为中心呈圈层向四周放射，道路环环相套。大教堂就在城市的中心位置，采用俄罗斯民间传统建筑形制，平面为十字式。它是由 9 座小教堂组合而成的建筑群，中间的一座大教堂被 8 座稍小一些的教堂簇拥着，彼此以长廊连接。教堂中央的塔高65米，呈方形帐篷状，模仿俄罗斯北部传统木结构制造，共有9个彩色洋葱头状的塔顶组成、东、西、南、北四个方向各有一个较大的塔楼，为八角棱形柱体，塔身上部刻有深龛，9座穹顶分别建于不同历史时期，形态各异，极富民族特色（图8-26）。

图 8-26　华西里伯拉仁内教堂（陈海霞 绘）

大教堂色彩艳丽，主体用红砖砌成，重点之处用白色大理石呼应。穹顶色彩均不同，以金色和绿色为主，辅以黄色和红色，高低错落，紧紧簇拥着中央高大的塔体，就好似一团火焰欢快地跳跃、升腾，充满了蓬勃的喜悦和活力。

8.3.20　伊凡雷帝钟塔（1505—1600年）

伊凡雷帝钟塔高达80米，非常雄伟，是克里姆林建筑群的垂直轴线，给了高高围墙里的建筑群一个外向的因素，使克里姆林成为莫斯科城景观中的重要组成部分，赋予克里姆林建筑群公共的性格（图8-27）。1505—1508年间，钟塔由伊凡雷帝委托意大利建筑师设计，纪念俄罗斯人民在伊凡雷帝领导下打败蒙古占领者，解放了全部领土。钟塔全身用白石砌筑，八边形，分为5段，以金色的盔顶结束。在它的北侧又有2座比较矮的钟塔教堂（1532—1543年），紧靠着它，形成一个小群体。

图 8-27　伊凡雷帝钟塔（曹思敏 绘）

8.3.21　斯巴斯基钟塔（1625 年）

斯巴斯基钟塔是莫斯科克里姆林宫的主塔和连接红场的正门。位于列宁墓后侧、红场南端，原用于防御。1491 年初建为炮楼，高 67.3 米。1628 年上部改建为多层天幕式结构。1937 年在塔顶上安装了红星。该建筑常被认作莫斯科城的标志（图 8-28）。17 世纪中叶，随着市民文化兴起，建筑风格发生了变化，变得纤巧而乐生，大量使用红砖，广泛用带釉的陶砖和白色石头制作装饰细部，在立面上也使用色彩艳丽的绘画。普遍采用西欧当时流行的建筑细部，如壁柱、山花、檐部、线脚等。

图 8-28　斯巴斯基钟塔（杜晓燕 绘）

8.3.22 圣处女分娩教堂（1649—1652 年）

圣处女分娩教堂也称作圣母圣诞大教堂，是俄罗斯建筑史上最后一个帐篷式教堂。雪白的教堂有多个帐篷，蓝色和金色穹顶就像一个精致雕刻的象牙（图 8-29）。

17 世纪中叶，莫斯科近郊宫廷贵族的大庄园里，经常由农奴建筑师和农奴工匠建造一些小型的教堂。它们大多同府邸甚至仓库等连接成一体。规模虽小，却把大型教堂和世俗建筑物中常用的部件和装饰，如金盔顶、帐篷顶、花瓣形装饰、钟乳式下垂的券脚、花瓶式的柱、小山花、壁柱等，全堆在身上。经过农奴匠师们的精心处理，虽然色彩富丽，样式小巧，很像节日的玩具，却并不见烦琐堆砌，因为它有一种天真的稚气。因而这种教堂得名为"玩具式"教堂。

图 8-29 圣处女分娩教堂（杜晓燕 绘）

8.3.23 彼得保罗大教堂（1703—1733 年）

彼得保罗大教堂位于俄罗斯圣彼得堡的彼得保罗要塞，由瑞士建筑师多梅尼科·特列津尼主持设计建造，为一座巴洛克式风格的教堂。这座教堂原是木结构，1712 年改建成石砌建筑，1733 年完工。大教堂的钟楼高 122 米。教堂外表线条简洁，形象庄严肃穆（图 8-30）。

图 8-30　彼得保罗大教堂（王俊程　绘）

8.3.24　冬宫（1754—1762 年）

　　冬宫坐落在圣彼得堡宫殿广场上，原为俄罗斯帝国沙皇的皇宫，现为圣彼得堡国立艾尔米塔什博物馆的一部分。冬宫是 18 世纪中叶俄罗斯新古典主义建筑的杰出典范。它面向涅瓦河，中央稍凸出，有 3 道拱形铁门，宫殿四周有 2 排柱廊，气势雄伟。宫内以各色大理石、孔雀石、石青石、斑石、碧玉镶嵌；以包金、镀铜装潢，以各种质地的雕塑、壁画、绣帷装饰（图 8-31）。

图 8-31　冬宫（曹思敏 绘）

8.3.25　叶卡捷林娜宫（1752—1756 年）

叶卡捷林娜宫又称沙皇村，是彼得大帝下令修建的。宫殿建筑精巧淫靡，色彩清新柔和，弥漫着女性的柔美、娇媚的风韵。园林充满诗情画意，飘动着令人心醉的旋律，弥漫着花草的芬芳。

整个建筑造型是法国古典式的，它的平面简洁，呈长方形，长 300 米。东端是一个小小的教堂，其他部分就是一串长方形的连列厅。建筑物的形体和平面相对应，总轮廓很清晰。排列规整、气势雄伟的柱子彰显皇家的威严，宽大的窗使建筑室内光线充足。室内装饰华美，是巴洛克风格的经典之作。蓝墙、白柱、金色的柱头山花衬托出皇家宫殿的庄重与奢华（图 8-32）。

图 8-32　叶卡捷林娜宫（曹思敏　绘）

参考文献

[1] SIGFRIED GIEDION. Space, Time and Architecture[M]. 5th ed. Cambridge：Harvard University Press，1980.

[2] CHARLES JENCKS. Architecture Today[M]. New York：Harry N Abrams，1988.

[3] ANDREAS C PAPADAKIS. The New Modern Aesthetic[M]. New York：Matin's Press，1990.

[4] CHARLES JENCKS. New Moderns[M]. London：Academy Editions，1990.

[5] PETER GOSSEL, GABRIELE LEUTHAUSER. Architecture in the Twentieth Century[M]. KoIn：Benedikt Taschen，1991.

[6] DAN CRUICKSHANK. Sir Banister Fietcher's A History of Architecture[M]. 20th ed. Oxford：Architectural Press，1996.

[7] DIANE GHIRARDO. Architecture after Modernism[M]. London：Thames & Hudson，1996.

[8] JAMES STEELE. Architecture Today[M]. London：Phaidon Press Limited，1997.

[9] JONATHAN GLANCEY. The Story of Architecture[M]. London：Dorling Kindersley Limited，2000.

[10] PHILIP JODIDIO. New Forms[M]. KoIn：Taschen，1997.

[11] 同济大学建筑系，南京工学院建筑系. 外国建筑史图集：古代部分 [M]. 上海：同济大学出版社，1978.

[12] 刘先觉. 建筑艺术世界 [M]. 南京：江苏科学技术出版社，2000.

[13] 陈志华. 外国建筑史：十九世纪末叶以前 [M]. 3 版. 北京：中国建筑工业出版社，2004.

[14] 罗小未.外国近现代建筑史 [M]. 2 版.北京：中国建筑工业出版社，2004.

[15] 刘先觉.密斯·凡德罗 [M].北京：中国建筑工业出版社，1992.

[16] 刘先觉.阿尔瓦·阿尔托 [M].北京：中国建筑工业出版社，1998.

[17] 中国大百科全书总编辑委员会本卷编辑委员会.中国大百科全书·建筑园林城市规划 [M].北京：中国大百科全书出版社，1988.

[18] 刘先觉，武云霞.历史·建筑·历史：外国古代建筑史简编 [M].徐州：中国矿业大学出版社，1994.

[19] 刘先觉.建筑艺术的语言 [M].南京：江苏教育出版社，1996.

[20] 吴焕加. 20 世纪西方建筑史 [M].郑州：河南科学技术出版社，1998.

[21] PATRICK NUTTGENS.建筑的故事 [M].杨惠君，等译.台北：台湾木马文化事业有限公司，2001.

[22] 宗国栋，陆涛.世界建筑艺术图集 [M].北京：中国建筑工业出版社，1992.

[23] 卡罗尔·斯特理克兰.拱的艺术：西方建筑简史 [M].王毅，译.上海：上海人民美术出版社，2005.

[24] 比尔·里斯贝罗.现代建筑与设计：简明现代建筑发展史 [M].北京：中国建筑工业出版社，1999.

[25] 约翰·派尔.世界室内设计史 [M].刘先觉，等译.北京：中国建筑工业出版社，2003.

[26] 傅朝卿.西洋建筑发展史话 [M].北京：中国建筑工业出版社，2005.

[27] 罗兰·马丁.世界建筑史丛书·希腊卷 [M].北京：中国建筑工业出版社，1999.

[28] 曼弗雷多·塔夫里，弗朗切斯科·达尔科.世界建筑史丛书·现代建筑卷 [M].刘先觉，等译.北京：中国建筑工业出版社，2000.

[29] 彼得默里.世界建筑史丛书·文艺复兴建筑 [M].王贵祥，译.北京：中国建筑工业出版社，1999.

[30] 刘育东.建筑的涵意 [M].天津：天津大学出版社，1999.

[31] 弗兰克·惠特福德.包豪斯 [M].林鹤，译.北京：三联书店，2002.

[32] 田学哲.建筑初步 [M].北京：中国建筑工业出版社，1988.

[33] 时代 - 生活图书公司.尼罗河两岸：古埃及 [M].聂仁海，郭晖，译.济南：山东画报出版社，2001.

[34] 时代 - 生活图书公司.先知的土地：伊斯兰的世界 [M].周尚意，等译.济南：山东画报出版社，2001.

[35] 罗小未，蔡琬英.外国建筑历史图说 [M].上海：同济大学出版社，1986.